RECHERCHES

SUR

LA STRUCTURE ET LES AFFINITÉS BOTANIQUES

DES

VÉGÉTAUX SILICIFIÉS

RECUEILLIS

AUX ENVIRONS D'AUTUN ET DE Sᵗ-ÉTIENNE

PAR

BERNARD RENAULT

DOCTEUR ÈS SCIENCES, LAURÉAT DE L'INSTITUT (ACADÉMIE DES SCIENCES)
MEMBRE DE PLUSIEURS SOCIÉTÉS SAVANTES.

(PUBLICATION DE LA SOCIÉTÉ ÉDUENNE)

AUTUN

IMPRIMERIE DEJUSSIEU PÈRE ET FILS

1878

RECHERCHES

SUR

LA STRUCTURE ET LES AFFINITÉS BOTANIQUES

DES

VÉGÉTAUX SILICIFIÉS

RECUEILLIS

AUX ENVIRONS D'AUTUN ET DE St-ÉTIENNE

PAR

BERNARD RENAULT

DOCTEUR ÈS SCIENCES, LAURÉAT DE L'INSTITUT (ACADÉMIE DES SCIENCES)
MEMBRE DE PLUSIEURS SOCIÉTÉS SAVANTES.

(PUBLICATION DE LA SOCIÉTÉ ÉDUENNE)

AUTUN

IMPRIMERIE DEJUSSIEU PÈRE ET FILS

1878

A LA MÉMOIRE

DE

M. ADOLPHE BRONGNIART

.... Ac primum scrutatur semina plantæ
Abstrusa in venis silicis...... ..

AVANT-PROPOS

Les débris des végétaux fossiles nous ont été transmis à travers les siècles dans des états de conservation très divers.

C'est ainsi que dans les couches argileuses peu perméables, les feuilles présentent encore leur flexibilité naturelle ; leur réseau fibreux et vasculaire et surtout leur épiderme sont assez bien conservés pour qu'on puisse en suivre les détails au microscope. On cite les feuilles, les chatons des amentacées et des conifères des lignites du pays de Nassau, et leur pollen, dont la forme, la couleur n'ont subi que très peu d'altération.

Cette bonne conservation devient de plus en plus rare, à mesure que les couches dans lesquelles on rencontre les empreintes végétales remontent la série des âges.

Cependant, dans les environs d'Autun, au Mont-Pelé, non loin de Sully, à la partie supérieure du terrain houiller, il n'est pas rare de rencontrer, entre les feuillets d'argile schisteuse, des portions plus ou moins considérables de frondes de fougères, de rachis, de pétioles, etc., que l'on peut détacher de la roche comme on le ferait d'une plante sèche conservée en herbier. Ces parties de végétaux ont encore intacts la plupart de leurs tissus, et l'on trouve quelquefois, à la face inférieure des pinnules de certains *pecopteris*, les fructifications en *asterotheca* qui y sont encore attachées et parfaitement visibles.

Les empreintes circulaires de *doleropteris*, formées de nombreux sporanges agglomérés régulièrement, et que l'on trouve au même endroit, présentent encore ces organes avec leur couleur jaune foncé originelle.

Mais il faut avouer que cette parfaite conservation est rarement offerte par les empreintes fossiles ; dans la majeure partie des cas, toute trace de matière organique a disparu, et ce n'est plus qu'un moulage plus ou moins fidèle que le botaniste possède pour se reconnaître au milieu de ces nombreux fragments, le plus souvent séparés et entremêlés, qui constituent les restes de la flore des siècles passés.

Quelquefois les vides laissés par la disparition de la matière organique ont été remplis par des substances minérales provenant de la roche encaissante et qui reproduisent alors en relief, et plus ou moins exactement, la plante primitive.

Il est clair que dans ce cas toute trace de la structure interne a disparu, on n'a plus que la forme extérieure.

La matière qui s'est infiltrée et s'est moulée dans les creux est essentiellement variable, ce peut être du grès très fin, comme dans certaines empreintes des carrières à grès des environs d'Épinac, ou bien du silicate de magnésie, comme celles de la *Tarentaise* dans les Alpes ; les plantes se présentent, dans ce dernier cas, avec un aspect blanc et satiné, d'un bel effet sur le fond sombre de la roche.

Quelquefois, c'est du bisulfure de fer qui a remplacé la plante; les couches de Lally, près Autun, nous offrent de nombreux fragments de *calamodendrons* et de rameaux de *walchia* conservés de cette manière, d'autres fois, c'est du carbonate de fer ou du sesquioxyde de fer qui en ont effectué le moulage.

Par contre, il arrive souvent, si la roche qui s'est déposée autour des débris de plantes est calcaire, comme celle qui forme les incrustations de certaines sources pétrifiantes, qu'à la longue toute la matière organique a disparu et n'a été remplacée par aucune substance. La pierre se présente alors avec une multitude de petites cavités, indices de la présence de vides intérieurs qui sont les creux des objets disparus qui ont été moulés jadis avec la plus grande exactitude.

On peut faire revivre par leur forme extérieure tous ces objets en coulant dans ces cavités du plâtre ou de la cire et en dissolvant ensuite dans un acide le calcaire qui les limite. C'est ainsi qu'on a obtenu les plus délicats moulages de feuilles de fougères avec leurs fructifications de bourgeons naissants, de fleurs épanouïes avec tous leurs organes étalés, pétales, étamines et pistils, etc.

Les tufs de Sézanne (Marne), de Cannstatt, de la Provence, sont célèbres par les résultats merveilleux qu'ils ont fournis par ce procédé.

L'étude des plantes qui ont été pétrifiées par le carbonate de chaux et la silice, a donné des résultats encore plus précis et plus remarquables.

Dans beaucoup de cas, ce ne sont plus les formes extérieures seules qui nous ont été conservées ; les tissus eux-mêmes, les plus mous tout aussi bien que les plus denses, ont été préservés dans tous les détails de leur structure. Très souvent ils ont encore les mêmes rapports de dimensions et de position relative que lorsqu'ils étaient vivants. A certains égards, ils sont

même plus avantageux pour l'étude que les plantes des-
séchées en herbiers. En effet, malgré toutes les pré-
cautions, ces dernières ne retrouvent jamais quand
on essaie de les ramollir, surtout si les organes que
l'on étudie présentent une densité très différente, le
volume et la forme que la dessiccation et la compression leur a fait perdre.

Dans les plantes silicifiées, les cellules aussi bien que
les vaisseaux ont conservé dans bien des cas, à leur
surface interne, les sculptures primitives qui les carac-
térisent. Les vaisseaux ou fibres, rayés, ponctués, aréolés, les trachées déroulables se reconnaissent avec la
plus grande netteté, de sorte que l'anatomie des divers
organes d'une plante silicifiée peut conduire à des résultats aussi précis et aussi certains que si l'étude en était
faite sur les organes correspondants pris dans une plante
vivante.

Le seul inconvénient qui se présente, c'est que malheureusement très souvent ils se rencontrent en fragments peu volumineux, disjoints et, par conséquent,
ne permettent pas de suivre, d'un bout à l'autre de
la plante, les variations de structure des différents
organes.

Cependant, on a quelques exemples de troncs considérables (plus de 20 mètres de longueur), qui sont parfaitement silicifiés dans toute leur étendue. Tout récemment on a rencontré un stype de fougère de plus de
4m70 [1], offrant dans certaines régions la partie centrale

---

1. Ce tronc de fougère arborescente, qui paraît appartenir au *psaronius
haidingeri*, a été découvert par M. E. Rossigneux au champ des Espargeolles,
près Autun; une portion se trouve au Muséum d'histoire naturelle, elle a été
cédée par M. Jutier, ingénieur en chef des mines, qui a conservé l'autre
partie.

bien conservée et environnée sur toute sa longueur de racines nombreuses ; on sait que ces troncs ont porté les frondes si fréquentes dans les couches de houilles et qui sont désignées sous le nom de *pecopteris* ; comme toujours ce tronc était dépourvu des organes appendiculaires; les pétioles et les feuilles se retrouvent parfois, mais dispersés, et ce n'est que par des recherches minutieuses, une étude scrupuleuse et la comparaison avec les empreintes des schistes houillers, que l'on peut rapprocher avec quelque certitude tous ces débris silicifiés qui n'ont conservé aucun rapport de position.

Une question des plus intéressantes se présente à l'esprit : comment la silicification de ces troncs considérables s'est-elle produite ? et comment des tissus, souvent fort délicats, ont-ils pu résister un temps suffisamment long pour ne pas être flétris avant que la pétrification ne fût achevée ?

Il n'y a pas de doute que souvent les végétaux étaient encore en place lorsque leur silicification s'est effectuée. Les forêts pétrifiées du Wadi-Anseri, du Wadi-el-Tih, au sud du Caire, en sont une preuve irréfutable ; M. Newbold a trouvé des souches d'arbres *debout* et fixées par leurs racines dans les grès sous-jacents.

D'un autre côté, M. Grand'Eury signale dans le département de l'Allier, à Bussières, à Ygrande, à Noyant, un banc de quartz de plus de 30 kilomètres d'étendue, dans lequel on rencontre de nombreux troncs de *psaronius giganteus*, des *phthoropteris...* encore en place, offrant ainsi l'exemple unique jusqu'à présent d'une forêt *carbonifère* silicifiée.

Dans certains cas, par conséquent, la silicification a donc dû se faire sur des végétaux tenant au sol par leurs racines.

Ces plantes étaient ou en parties émergées, ou complétement plongées dans l'eau. [1]

Lorsqu'elles étaient en partie émergées, l'eau chargée de silice montait par capillarité, surtout dans les parties vasculaires du tronc et déposait la matière minérale sur sa route, une évaporation continuelle à la surface déterminait l'arrivée incessante du principe pétrifiant, qui finissait par remplir la totalité des cavités des cellules et des vaisseaux, emprisonnant ainsi toute la partie organique des parois.

Je possède des fragments de tronc de *sigillaria xylina* silicifiés dans lesquelles la silice a exsudé et s'est solidifiée sous la forme de gouttelettes qui tapissent l'intérieur de l'étui médullaire dont la moelle avait déjà disparu, cette portion du tronc était donc hors de l'eau lors de la silicification.

Si la plante était complétement plongée dans l'eau lors même que cette dernière n'eût pas été saturée, la silice aurait pu se fixer dans le tissu en vertu d'une action que M. Chevreul a désignée depuis longtemps sous le nom d'affinité capillaire et qui comprend tous les faits que présente à l'observation, un solide qui s'unit à un gaz, à un liquide ou enfin à un corps tenu en dissolution par un liquide, à la condition que le solide conserve sa forme apparente.

Les tissus organiques des végétaux submergés lors de leur pétrification, étaient dans ce dernier cas, et c'était par une véritable sélection que la silice se déposait sur la paroi interne des cellules et des vaisseaux, dont elle augmentait ainsi l'épaisseur ; plusieurs fois j'ai pu cons-

1. On sait que presque toutes les eaux minérales renferment de la silice dissoute, les eaux de Vichy, d'Aix-la-Chapelle, de Carlsbad, de Tœplitz, des geysers, d'Islande, etc., en renferment de notables quantités.

tater que les cellules ou les vaisseaux présentaient encore
un reste de cavité, les pores par où pouvait pénétrer la
silice s'étaient vraisemblablement oblitérés avant leur
remplissage complet.

Très souvent les graines des magmas quartzeux de
Saint-Étienne, qui sont empâtées dans la silice, offrent
dans la cavité jadis occupée par le nucelle, une géode
tapissée de cristaux ; la cavité n'a pu finir de se remplir,
la silice retenue par les enveloppes du testa les ayant
rendues imperméables.

M. Daubrée a signalé [1] une sélection analogue dans
des bois en partie calcifiés, qui servaient de fondation
à un canal romain, et trouvés dans les fouilles de l'établissement civil de Bourbonne-les-Bains. Aucune
incrustation calcaire n'a été rencontrée à proximité des
bois calcarifiés, et c'est bien la matière ligneuse qui a
attiré et concentré dans ses cellules le carbonate de
chaux, amené par une infiltration lente mais continue
d'eau calcaire.

D'autres fois les plantes, arrachées de leur lieu de
naissance, ont été transportées, et se sont accumulées
pêle-mêle, dans des marais ou bas fonds, dont les eaux
étaient chargées du principe minéralisateur, ces eaux
en s'écoulant ont non-seulement pétrifié les débris de
toute nature en vertu de la sélection dont nous avons
parlé plus haut, mais ont fini par souder entre eux ces
divers fragments, et par former d'immenses bancs de
silice remplis des restes de plantes les plus différentes.
Ce sont ces couches brisées à la suite des siècles qui
ont produit par leurs fragments ces rognons siliceux
que l'on trouve à Autun, et surtout dans deux couches

1. Comptes rendus de l'Institut, 29 novembre 1875.

de poudingues des environs de Saint-Étienne ; on rencontre dans ces poudingues des blocs de quartz de plusieurs centaines de kilogrammes dont les angles n'ont pas été usés, ce qui indique qu'ils n'ont pas été roulés et ne sont pas très éloignés du lieu où ils se sont formés ; j'ai recueilli des fragments dont la surface portait en relief et pour ainsi dire sculptés des feuilles et des pétioles de fougères, qui se seraient certainement brisés si le fragment avait subi quelques frottements un peu rudes.

La température de l'eau où la silice était en dissolution ne devait pas être très élevée, et bien certainement n'atteignait pas celle des geysers, car la délicatesse des tissus conservés n'aurait pas supporté une semblable macération. On rencontre en effet de jeunes bourgeons floraux renfermant les rudiments des graines futures, *des corpuscules* visibles dans l'endosperme conservé de graines plus développées, des anthères contenant encore des grains de pollen, des spores en voie de formation dans leur cellule mère, etc., tous ces organes se seraient rapidement ou détruits ou flétris dans des eaux chaudes et geysériennes. Si les tissus ont pu, malgré leur fragilité, résister d'un autre côté à la décomposition et à la pourriture, cela tient vraisemblablement à la nature antiseptique des eaux renfermant de la silice ou des silicates.

Gœppert [1] a fait de nombreuses expériences afin d'arriver à pétrifier le tissu ligneux, il a essayé tour à tour des dissolutions de silicate de potasse, de sulfates terreux, d'acétate de chaux, de baryte et d'alumine, et de bien d'autres sels métalliques. « Les résultats, dit-il,

1. Gœppert, *Genre des végétaux fossiles ;* introduction.

sont d'autant plus parfaits que l'organe renferme plus de vaisseaux et de parties poreuses ; une macération de quelques jours est suffisante ; la pétrification est accélérée en faisant succéder aux macérations des dessications successives. Dans le cours de mes recherches j'ai remarqué que le squelette inorganique propre de la plante est la principale cause qui ménage la conservation de la forme organique, et constitue en quelque sorte la base autour de laquelle se déposent les matières employées dans les essais précités.

» Les dissolutions doivent être étendues, autrement on aurait une incrustation extérieure analogue à celle des eaux pétrifiantes, c'est-à-dire, une croûte purement superficielle, comme celle que déposent, sur les objets qu'on y plonge, les eaux de Tivoli, de Tœplitz, Saint-Allyre, etc. »

Malgré ses essais nombreux, Gœppert n'a pu réussir à silicifier convenablement les tissus ligneux, cela tient à l'état pulvérulent et sans consistance, que la silice prend quand elle passe de l'état de dissolution à l'état solide ; il y a une condition physique de dépôt non encore réalisée dans les expériences, et qui tient au temps nécessaire à la silice pour acquérir la dureté et la ténacité qui la caractérise, l'expérience devrait peut-être être conduite lentement et pendant de nombreuses années pour avoir une réussite complète, cependant certains composés siliceux de la chimie donnent assez promptement un dépôt de silice dure et cohérente, et on peut rappeler que l'écorce des presles renferme sous cet état une grande quantité de cette substance. [1]

1. Cent parties de cendres de l'*equisetum hyemale* renferment 74 de silice (Braconnot).

Quoi qu'il en soit, d'après ce qui précède, la pétrification des végétaux consiste dans le remplissage par une matière solide de tous les vides formés par les parois des cellules, fibres et vaisseaux qui les constituent.

Si donc on dissolvait cette matière incrustante on devrait retrouver la matière organique, c'est ce que Gœppert a tenté pour certains bois silicifiés. En se servant d'acide fluorhydrique étendu, il obtint en effet le squelette organique qui avait été préservé de la destruction. Mais le plus souvent les fragments de bois ont été exposés à l'action de l'oxygène libre ou dissous dans l'eau, pendant une période de temps plus ou moins considérable et la plus grande partie de la matière organique a disparu. Au lieu de se présenter avec une coloration brune et foncée, comme cela arrive quand cette matière est en proportion notable, ils sont blanchis et cela d'autant plus complétement qu'il reste moins de cette substance.

La plupart des échantillons d'Autun sont dans ce cas, aussi lorsqu'on en humecte légèrement la surface l'eau pénètre rapidement dans l'intérieur par l'effet de la capillarité ; mais à l'inverse de ce qui se passe dans un bois vivant, ce sont les parois mêmes des anciens vaisseaux et des cellules qui ayant disparu donnent passage au liquide.

Une expérience intéressante et facile à répéter met hors de doute que c'est bien la matière organique, formant les parois mêmes des vaisseaux et des cellules, qui a été détruite, et dont les éléments ont disparu, il ne reste plus, dans le plus grand nombre de ces fragments, que les moulages effectués fidèlement par la silice à l'intérieur et à l'extérieur des parois de ces organes.

Si l'on plonge, en effet, un échantillon de cette localité, après l'avoir scié et poli à la surface, dans une dissolution de bromhydrate d'ammoniaque, ce liquide pénétrera dans tous les vides de la silice, c'est-à-dire dans les interstices laissés par les parois des vaisseaux et des cellules détruites.

Si maintenant, après l'avoir parfaitement essuyé, on applique la surface polie sur une feuille de papier satiné, sensibilisée à l'azotate d'argent additionné d'azotate de bioxyde de mercure; en les comprimant légèrement, tous les points de la surface du papier sensibilisé, en contact avec le bromhydrate qui occupe seulement les parois des éléments organiques, se pénètrent de bromure d'argent; ce papier exposé à la lumière se couvrira rapidement d'un dessin représentant exactement tous les détails de l'ancien tissu organique superficiel. En enlevant par les procédés ordinaires de la photographie l'excès de sel d'argent et de mercure, on aura l'épreuve positive et fidèle de l'échantillon.

On peut tirer plusieurs épreuves sans avoir besoin de renouveler l'immersion dans le bromhydrate, ce qui prouve que le sel en dissolution a pénétré en quantité notable dans l'intérieur de la silice, en passant par les parois mêmes des vaisseaux et des cellules, et que les éléments de la matière organique n'ont pas été remplacés, comme on le dit souvent, molécule par molécule, par celles de la matière pétrifiante tenue en dissolution. La masse des bois pétrifiés est donc essentiellement poreuse, et les détails microscopiques ne sont visibles qu'à cause de l'air qui occupe actuellement la place des anciennes parois.

Dans les préparations de ces bois, on doit tenir compte de cette particularité, car généralement les lames minces et transparentes, nécessaires à leur étude anatomique, sont fixées sur des lames de verre au moyen de baume de Canada, si le baume maintenu fluide pénètre dans les interstices de la lame, sa réfringence étant à peu près celle de la silice tous les détails disparaissent; on obvie facilement à ce grave inconvénient en laissant la préparation immergée dans un bain colorant, avant de la fixer définitivement; les parois des vaisseaux et des cellules, retenant une certaine quantité de la teinture, apparaissent colorées au milieu du reste de la silice qui est demeurée transparente.

Il arrive quelquefois que cette imbibition, après la disparition de la matière organique, s'est faite naturellement par l'introduction, soit d'une autre substance, soit par la matière même qui a produit la pétrification, dans ce dernier cas, qui est assez fréquent et qui constitue l'état des échantillons complètement agatisés, toute perméabilité a disparu.

En général l'observation des détails microscopiques de ces tissus est peu satisfaisante, car les parois des éléments organiques ne sont plus guère visibles que grâce à la petite quantité de matière minérale peu colorée, qui constituait le squelette inorganique des vaisseaux et des fibres et qui a persisté.

Les échantillons que l'on rencontre à Saint-Étienne, encore engagés dans un poudingue d'une dureté très grande, ont été préservés de l'action destructive de l'oxygène, aussi se présentent-ils avec une coloration beaucoup plus foncée, et donnent-ils à l'observation des résultats plus tranchés; mais d'un autre côté, dans aucun cas je n'ai eu occasion d'examiner des tiges ou fragments de tige isolés comme on en rencontre si souvent dans les gisements d'Autun, ce qui rend leur étude plus difficile et moins certaine ; il est clair en effet, que si le *sigillaria elegans* avait été trouvé engagé dans un des magmas de Saint-Étienne, sa détermination spécifique eût été impossible.

Cette différence entre les deux gisements provient sans aucun doute du mode de silicification ; un grand nombre des végétaux d'Autun ont dû être silicifiés quand ils étaient encore en place, depuis ils ont été entraînés à une petite distance et déposés en même temps que l'argilolithe désagrégée et les grès dans lesquels on les rencontre en fragments. Le point où cette silicification s'est produite est encore inconnu, il est vraisemblable du reste qu'il y a eu un assez grand nombre de sources siliceuses, car on rencontre des bois silicifiés tout autour du bassin houiller d'Autun et à des hauteurs qui ne permettent pas de supposer que leur transport est le résultat de phénomènes récents. De plus des rognons siliceux que j'ai recueillis au nord du bassin autunois, à Enost, et qui renferment quelques débris organiques d'une époque plus ancienne, tels que débris de pétioles et macrospores analogues à ceux que l'on trouve dans les quartz du Roannais, permettent de supposer que non-seulement, il y a eu plusieurs centres de silicification, mais encore qu'ils ont apparu à des époques différentes.

A Saint-Étienne au contraire les végétaux, entassés dans des lieux bas et marécageux, ont été pétrifiés, puis agglomérés par la silice dans un état de confusion si grand, que M. Brongniart a comparé leur aspect à celui que présenterait le terreau accumulé sur le sol d'une forêt et qui aurait été pétrifié en bloc.

Les gisements silicifiés d'Autun sont connus, et ont acquis une grande notoriété, depuis les infatigables recherches de Mgr Landriot. Dès 1835, par lettres, et par de nombreux échantillons adressés à M. Brongniart, fondateur en France de la paléontologie végétale, le savant abbé avait attiré son attention sur cette importante station de végétaux fossiles.

Depuis cette époque, soit par des voyages personnels, soit par une correspondance active et non interrompue avec Mgr Landriot, l'illustre professeur du Museum a réuni dans cet établissement une collection des plus remarquables de tous les types principaux qui ont été rencontrés dans les environs d'Autun.

Quelques-uns ont été décrits par lui, tels que le *sigillaria elegans*, le *colpoxylon eduense* [1], et leur étude est venue confirmer les espérances qu'il avait conçues sur les précieux résultats que devait fournir la connaissance de ces végétaux pétrifiés. Un grand nombre d'autres restent à décrire : car le temps a manqué à M. Brongniart pour mener à bonne fin cette entreprise dont il avait réuni et préparé les matériaux depuis si longtemps. Il serait à désirer que cette étude fût continuée, afin que la botanique fossile pût profiter promptement de toutes ces richesses accumulées.

Dans ce mémoire je donnerai la description anatomique détaillée de quelques-unes des plantes fossiles, trouvées à l'état silicifié dans les différents gisements qui entourent la ville d'Autun ; une partie des échantillons ont été recueillis soit par M. Lacatte directeur du grand Séminaire, soit par moi-même.

L'ordre suivi sera autant que possible un ordre

---

1. Ces deux types si remarquables ont été trouvés et envoyés au Museum par Mgr Landriot, ainsi qu'une collection nombreuse de *psaronius*, de conifères très diverses, et de *myelopteris*.

botanique, c'est-à-dire que l'on passera de l'étude d'une plante inférieure à celle d'une autre qui lui sera supérieure en organisation et on cherchera, s'il y a lieu, parmi les plantes vivantes celles qui auront quelque analogie de classe ou de famille.

Comme les gisements d'Autun et de Saint-Étienne offrent un certain nombre de végétaux communs, j'ai pu compléter quelquefois les notions acquises, au moyen du premier, par d'autres tirées du second.

Les *sphenophyllum*, trouvés constamment effeuillés dans les quartz d'Autun, ont pu être, par exemple, étudiés munis de leurs appendices foliaires, grâce aux silex de Saint-Étienne.

Dans cette première partie, j'étudierai seulement quelques plantes de l'embranchement des cryptogames, telles que :

1º Les *annularia* et *asterophyllites* qui appartiennent à la classe des équisétinées.

2º Les *zygopteris*, *botryopteris* et *anachoropteris*, qui font partie de la classe des fougères.

3º Les *lycopodium*, et les *sphenophyllum* qui doivent être rangés dans celle des lycopodinées et des rhizocarpées.

Il est évident que lorsqu'il s'agit d'une monographie d'un terrain tel que celui qui nous occupe, dont l'histoire se complète chaque jour par la découverte de débris nouveaux et appartenant aux classes les plus différentes, l'ordre apporté dans la description ne peut être que relatif, et ne doit concerner que l'ensemble de plantes dont il est question dans cette étude même.

C'est ainsi que dans une deuxième partie, je me propose de traiter aussi complétement que les matériaux le permettent, de la structure et des affinités des *myelopteris* (medullosa elegans), de celles des *sigillaria elegans* et *sigillaria spinulosa*, enfin des rapports encore bien controversés des *calamodendrées* avec les *dicotyledones gymnospermes*.

RECHERCHES

SUR

LA STRUCTURE ANATOMIQUE ET LES AFFINITÉS

DES

VÉGÉTAUX SILICIFIÉS

RECUEILLIS AUX ENVIRONS D'AUTUN

EMBRANCHEMENT DES CRYPTOGAMES

L'embranchement des cryptogames est celui qui le premier a paru sur la terre.

Toutes les plantes rencontrées jusqu'à présent dans les formations, siluriennes et dévoniennes inférieures, appartiennent aux *thalassophytes* ou algues marines, qui sont des cryptogames cellulaires.

La couleur noire que quelques schistes cambriens et siluriens possèdent et qui est due à du charbon, prouve l'existence de plantes qui avaient déjà retiré de l'atmosphère le carbone [1] nécessaire à leur développement.

Les cryptogames vasculaires apparaissent dans les formations dévoniennes moyennes et supérieures, prennent un immense développement pendant cette dernière

---

[1]. Dans l'hypothèse de l'origine ignée de notre planète, le carbone n'aurait pu exister à l'état de liberté à la surface de la terre en présence de l'oxygène de l'atmosphère.

période, ainsi que pendant l'époque houillère, et vont en diminuant durant le dépôt des couches permiennes.

Les équisétinées, les fougères et les lycopodinées ont encore des représentants à l'époque actuelle, mais ils ont subi de profondes modifications ; d'arbres qu'ils étaient (les calamites de l'époque houillère atteignaient 8 à 10 mètres, et les lépidodendrons, 15 à 20 mètres de hauteur), les prêles et les lycopodes sont devenus de simples arbrisseaux.

Les fougères au premier abord paraissent avoir moins déchu dans leurs dimensions, puisqu'il existe encore entre les tropiques, principalement dans les îles chaudes et humides, de grandes fougères arborescentes ; mais il n'en est pas moins vrai que les familles qui se sont propagées jusqu'à nous ont considérablement diminué d'importance. C'est ainsi que les *marattiées* de nos jours émettent de leur tige bulbiforme des pétioles de 4 à 5 mètres de long seulement, tandis qu'à l'époque de la formation de la houille, ces mêmes pétioles atteignaient 8 à 10 mètres de longueur et étaient capables de couvrir de leur ombre plusieurs centaines de mètres carrés.

Les *pecopteris* qui appartiennent à la même famille, au lieu d'avoir un bulbe de 1m à 1m50, comme celui des grandes marattiées de l'île de Java, s'élançaient dans les airs en hautes colonnes couronnées de frondes gigantesques ; ce sont les stypes de ces fougères que l'on rencontre en fragments si nombreux dans les champs des environs d'Autun, et que tout le monde connaît sous les noms de *psaronius, psarolithe, helmintho-lithe*, etc.

Le tableau suivant présente l'ordre d'apparition successive des différentes classes de cryptogames dans les couches superposées des terrains.

EMBRANCHEMENT DES CRYPTOGAMES

Dans les terrains :	PREMIÈRE APPARITION DE LA CLASSE DES						
	ALGUES	CHAMPIGNONS	MOUSSES	ÉQUISÉTINÉES	FILICINÉES	LYCOPODINÉES	RHIZOCARPÉES
Silurien....	*Cauterpites cactoïdes. Oldhamia antiqua, etc., etc.*						
Dévonien ..	....	....	....	*Bornia radiata, etc.*	*Sphenopteris devonica*	*Psilophyton princeps*	
Carbonifère.	NOTA. La classe des algues s'est continuée jusqu'à nos jours sans grande modification.	....	....	*Equisetites lingulatus.*	Les *Sphenopteris* s'étendent jusque dans le terrain permien	*Lepidodendron quadratum,* etc.	
Houiller...		*Polyporites Bowmani. Hysterites cordaïlis,* etc.	....	*Calamites suckovii.*	*Catamophyllites,* etc.	*Botryopteris forensis. Zygopteris.* etc. — *Pecopteris aspera.* etc.	*Lycopodium punctatum.* — *Lepidodendron posthumum.*	*Sphenophyllum.*
Permien...				*Calamites gigas.*	....	NOTA. Les *Ophioglossées* qui débutent par la famille des *Botryoptéridées* s'est continuée en déclinant jusqu'à nos jours; elle est représentée par les genres *Ophioglossum, Botrychium, Helminthostachis.* — NOTA. La famille des *Marattiées* inaugurée par les *Pécopteridées Névroptéridées, Odontoptéridées,* a perdu beaucoup de son importance; elle renferme actuellement les genres *Angiopteris, Marattia, Danæa Kaulfusia, Eupotium.*	NOTA. Les *Lycopodinées* se sont continuées jusqu'à nous par les genres *Lycopodium selaginella,* etc. — NOTA. Les *Lépidodendrons* ne sont plus représentés actuellement, ils ont cessé à l'époque permienne.	NOTA. Les *Rhizocarpées* qui ont commencé par les *Sphenophyllum* ont déchu notablement ; elles ne sont plus représentées que par les genres *salvinia, marsilia* et *pilularia.*
Triasique ..	....	NOTA. Les genres sinon les espèces citées existent encore aujourd'hui.		*Equisetum Mougeotiiote.* NOTA. La classe des équisétinées n'est plus continuée que par le genre *equisetum,* les *calamites* s'éteignent dans le terrain permien.			
Jurassique..							
Crétacé							
Tertiaire...	....	*Marchantia sesannensis. Muscites sesannensis,* etc					
Quaternaire.	....	NOTA. Les genres *Marchantia* et *Muscites* ont persisté.					
Actuels							

Les plantes que je vais décrire appartiennent aux cryptogames vasculaires, et représentent les trois classes que j'ai indiquées dans le tableau sommaire qui précède.

Les *annularia,* dont les tiges ont comme type celle connue sous le nom d'*equisetites lingulatus,* naissent dans le terrain houiller et disparaissent avec le terrain permien. C'est une famille de la classe des équisétinées, complétement éteinte. Il en est de même de celle des *calamophyllites* dont les rameaux, désignés par *astéro-phyllites,* ont été longtemps confondus avec d'autres rameaux d'aspect analogue, mais qui appartiennent à des plantes plus élevées en organisation, telles que les *arthropitus* et les *calamodendrons.* On trouvera plus loin la description de fructification appartenant à des plantes de ces deux familles, qui mettent hors de doute leur place parmi les équisétinées.

Dans la classe des fougères, les trois types que je ferai connaître pourraient bien avoir été moins éphé-mères.

En effet, les *botryoptéridées* sembleraient être la sou-che de nos *ophioglossées* actuelles, tandis que les *marat-tiées* auraient été représentées par les *nevropteris* et *odon-topteris* dont je décrirai les pétioles sous le nom de *myelopteris.*

D'un autre côté, les *osmondées* auraient eu peut-être déjà des précurseurs dans les *anachoropteris pulchra, rotundata,* etc., comme nous le verrons plus loin.

Quant à la classe des lycopodiacées, les silex d'Autun n'ont fourni jusqu'à présent que deux familles qui puissent leur être rapportées :

Celle des *sphenophyllum* et celle des *lycopodium.*

Les tiges de *lycopodium* qui seront décrites n'offrent

pas de différence avec celle des lycopodes vivants, de sorte qu'il est permis de supposer que le genre *lycopodium* existait déjà à l'époque houillère, avec les dimensions actuelles, ainsi que le prouve la grosseur des tiges trouvées à l'état fossile.

Les *lépidodendrons* n'ont pas encore été rencontrés silicifiés dans les gisements d'Autun.

Mais, en revanche, la famille des *sphenophyllum* y a laissé de nombreux témoins de son passage. Des rameaux et des tiges effeuillés se montrent fréquemment dans les magmas quartzeux.

Cette famille, dont les caractères communs aux *lycopodinées* et aux *rhizocarpées* rendent difficile un classement définitif, forme un groupe qui a pris naissance dans le terrain houiller moyen et ne se prolonge pas au delà du terrain permien.

Les rameaux, feuilles, tiges et racines sont les seules parties de ces plantes que l'on a trouvées silicifiées, les fructifications ont été rencontrées jusqu'à présent seulement à l'état d'empreintes. (1)

---

(1) Cependant, quand je ferai l'histoire des *Sphenophyllum*, je donnerai la description de fructifications qui semblent se rapporter à cette famille, et permettent de préciser davantage la position de ces plantes dans l'échelle botanique.

CLASSE DES ÉQUISÉTINÉES

FRUCTIFICATIONS DÉSIGNÉES SOUS LE NOM

DE

BRUCKMANNIA, VOLKMANNIA, MACROSTACHYA

La considération des caractères tirés des fructifications a une importance trop considérable pour qu'il soit permis de rien négliger qui puisse apporter quelque lumière sur les organes, soit graines, soit spores, qui ont servi aux plantes de la période houillère pour se reproduire exactement comme celles de nos jours.

Les débris silicifiés d'Autun et de Saint-Étienne présentent sous ce rapport le plus grand intérêt, car on y a rencontré un certain nombre d'épis, se rapportant à différents genres de plantes faisant partie de la famille des équisétinées, alors beaucoup plus riches en représentants qu'elle ne l'est aujourd'hui.

Les fructifications spiciformes depuis longtemps ont attiré l'attention des paléobotanistes, aussi trouve-t-on dans les collections publiques et particulières un assez grand nombre de ces épis qui y ont été réunis sous forme d'empreintes.

Les unes offrant l'aspect général et la conformation des épis de lycopodiacées, et désignées sous le nom de *lepidostrobus* (Br.), ont été rapportées avec certitude aux lycopodes herbacés ou arborescents de la période houillère. Les autres, de dimensions plus petites, d'aspect équisétiforme, différentes d'organisation, ont présenté beaucoup plus d'incertitudes quant à leur origine. Les quelques fragments dont nous donnons la description plus loin font partie de cette dernière catégorie, et les plantes qui ont porté ces épis appartiennent sans aucun doute à la classe des équisétinées. Nous allons rappeler succinctement les principales opinions émises par divers savants sur les fructifications en forme d'épi dont il est question, mais trouvées à l'état d'empreinte.

Les principales formes qui sont connues et décrites plus ou moins complétement portent comme on sait les noms de :

> *Bruckmannia* (Sternberg).
> *Volkmannia* (Sternberg).
> *Huttonia* (Sternberg).
> *Macrostachya* (Schimper).
> *Cingularia* (Weiss).

Les *bowmanites* de Binney doivent être regardés comme des fructifications de lycopodinées plutôt que d'équisétinées.

M. Ottokar Feismenthel pense que les *bruckmannia* sont les épis fructifiés des *annularia*. En cela il est d'accord avec la plupart des savants. Cette opinion émise en premier lieu par Germar à propos du *bruckmannia tuberculata* trouvé associé à l'*annularia longifolia*, a été soutenue par M. Schimper et vérifiée par M. Grand'Eury. M. Feismenthel admet encore que les *volkmannia* sont des épis d'asterophyllites, et que les *huttonia* appartiendraient aux calamites.

Dans un opuscule publié à Berlin [1], M. Weiss, se basant sur la structure des épis et le mode d'attache des sporanges, admet six formes différentes pour ces fructifications. Ce sont les formes offertes par :

1. *Jeitschift der deutschen geologischen Gesellschaft* (1873).

Les *equisetum*.

Les *annularia*.

Les *calamostachys*.

Les *macrostachia (huttonia)*.

Les *cingularia*.

Et les *asterophyllites (volkmannia)*.

Voici ce qui caractériserait, d'après lui, ces six types différents.

Dans le type *equisetum*, les sporanges en nombre variable sont placés circulairement sous l'extrémité peltée des sporangiophores disposés en verticilles sur l'axe de l'épi, et il n'y a aucun verticille stérile foliacé entre les verticilles fertiles des sporanges.

Dans le type *annularia*, chaque verticille fertile se trouve séparé par un verticille stérile; un sporange *unique* serait suspendu à l'extrémité d'un sporangiophore de forme triangulaire et partant de l'axe immédiatement au dessous des bractées du verticille stérile.

Dans les *calamostachys*, le verticille fertile est formé de sporangiophores insérés perpendiculairement à l'axe au milieu de l'intervalle qui sépare deux verticilles stériles; l'extrémité peltoïde de chaque sporangiophore porte quatre sporanges.

Les *macrostachya (huttonia)* offrent au contraire des sporangiophores partant de l'aisselle des bractées stériles; mais l'échantillon unique examiné par M. Weiss, et qui ressemble à l'*huttonia carinata*, ne lui a pas permis de déterminer la nature des sporanges.

Le verticille fertile des *cingularia* est composé de lames cunéiformes, inséré au même niveau que le verticille stérile, mais au dessus.

Le verticille stérile forme un disque dentelé sur ses bords. Chaque lame du verticille est au contraire profondément incisée, et chacune des lames résultantes porte, l'un à la suite de l'autre, dans le sens du rayon, deux sporanges séparés par un sillon.

Les sporanges des *astérophyllites* sont de forme ovoïde et placés à l'aisselle des bractées composant les verticilles stériles. Dans ce groupe rentreraient les *volkmannia* et les *sphenophyllum*. Telles seraient, d'après le savant allemand, les principales dispositions offertes par les épis équisétiformes.

Remarquons que le type *equisetum* n'a été rencontré jusqu'ici pendant la période houillère, ni à l'état d'empreinte, ni à l'état pétrifié, ce qui doit surprendre.

Quant à la forme regardée par M. Weiss, comme type des fructifications des *annularia*, quand même elle n'aurait pas été signalée par M. Schenck dans le *Botanisch zeitung* [1], comme le résultat d'une déformation et d'un déplacement accidentel, elle ne devrait certainement pas être choisie pour servir de type ; car il existe des *bruckmannia* qui sont, à n'en pas douter, les épis fructifiés d'*annularia* et qui ne présentent nullement la disposition signalée plus haut pour les sporangiophores et pour les sporanges.

Les *bruckmannia tuberculata,* regardés généralement comme les épis fructifiés de l'*annularia longifolia,* offrent précisément la disposition désignée par M. Weiss, sous le nom de *calamostachys ;* c'est cette disposition qui a été retrouvée dans ses points généraux par MM. Ludwig, Binney, Carruthers, Williamson, dans les épis pétrifiés que ces savants ont étudiés, et dont je dirai un mot tout à l'heure.

Des épis analogues aux *bruckmannia tuberculata,*

1. Juillet 1876.

comme disposition de sporanges et comme dimensions, découverts à Saint-Étienne et dont je m'occuperai plus loin, mais qui doivent pourtant en être distingués, prouvent que la forme la plus fréquente et la plus générale, susceptible toutefois d'éprouver certaines modifications, est celle offerte par le *bruckmannia tuberculata* (Sternberg) et que c'est elle qui doit être choisie comme type des épis d'*annularia*.

En outre, si deux épis silicifiés trouvés à Autun sont bien des fructifications du *volkmannia gracilis* (Sternberg) et de l'*asterophyllites equisetiformis* (Brongniart), la disposition des sporanges sur un pédicelle pelté partant de l'aisselle des bractées appartiendrait plutôt aux *volkmannia* qu'aux *macrostachya*.

Enfin, comme on le verra, un fragment de fructification que l'on pourrait rapporter à l'*equisetites infundibuliformis* (Geinitz) donne quelques détails sur la structure des épis désignés sous le nom de *macrostachya*.

A propos des sphenophýllum qui doivent occuper une place en dehors de la famille des équisétinées, je reviendrai sur les fructifications de ces plantes en étudiant la structure de leur tige.

Par ce qui précède on voit qu'il est difficile d'établir une classification définitive; ce n'est que par la minutieuse comparaison des empreintes et des épis à structure conservée, malheureusement encore trop peu nombreux, qu'on peut espérer jeter quelque lumière sur ce point si intéressant de la botanique fossile.

Je conserverai les anciennes dénominations désignant plutôt des formes de fructifications que des genres précis et déterminés.

On verra que l'ensemble de mes recherches confirment :

1º Que la forme d'épi désignée sóus le nom de *bruck-mannia* est caractérisée par un verticille de sporangio-phores alternant avec un verticille de bractées stériles, dont le nombre est généralement plus grand que celui des sporangiophores. Ces derniers insérés au milieu de l'intervalle de deux verticilles stériles, portent quatre sporanges placés suivant sa longueur deux en dessus et deux en dessous et que ce sont bien les épis fructifiés des *annularia*.

2º Que la forme d'épi désignée sous le nom de *volk-mannia* se distingue des précédents en ce que les spo-rangiophores, au lieu de partir de l'entre-nœud, sont insérés à l'aisselle des bractées stériles et en nombre moitié moindre que ces dernières, et leur extrémité peltée porte également quatre sporanges. Les *volkman-nia* appartiennent vraisemblablement aux *asterophyl-lites*.

Le nombre des épis silicifiés ou carbonatés que l'on a rencontrés et qui se rapportent aux différentes fa-milles de la classe des équisétinées, n'est pas bien con-sidérable. Voici le résumé succinct des principales recherches qu'ils ont suscitées ; on trouvera les détails plus étendus dans les mémoires cités.

Dès 1865, Rud. Ludwig, sous le nom de *calamiten fruchte* [1], a décrit des épis de 6 à 8 cent. de longueur, disposés en panicules cylindriques et terminés en pointe, les verticilles stériles sous forme de bractées alternantes sont distants de 3^{mm}5 ; ces bractées alter-nantes, au nombre de dix, présentent une côte médiane et ne dépassent pas, lorsqu'elles sont redressées, la hau-teur d'un entre-nœud. Les sporanges, au nombre de

---

1. *Palæontographia,* vol. X.

quatre, sont fixés à cinq sporangiophores peltoïdes au nombre de quatre.

M. Binney, de son côté, a décrit [1], avec de nombreux détails, de petits épis en forme de chatons, à peine longs d'un centimètre. Les bractées stériles imbriquées qui les constituent, après avoir formé une sorte de plancher horizontal, se relèvent verticalement et dépassent un peu la longueur de l'entre-nœud; elles sont au nombre de douze : six sporangiophores peltoïdes et verticillés supportent chacun quatre sporanges. D'après M. Schimper, ces épis peuvent être considérés comme appartenant à l'*annularia longifolia*.

Vers la même époque, M. Carruthers [2] a fait connaître la structure d'épis présentant la même disposition que ceux étudiés par MM. Ludwig et Binney. Dans l'épi décrit par M. Carruthers, le nombre des sporangiophores est de cinq; chacun porte quatre sporanges dans lesquels M. Carruthers a cru reconnaître des spores munies d'élathères ! Mais ne serait-ce pas plutôt les débris de la cellule mère, dans laquelle les spores se sont formées ? Ici la distance des verticilles stériles est d'environ 3 à 4 millimètres et le nombre des bractées double de celui des sporangiophores.

Ces épis ne diffèrent donc pas sensiblement de ceux décrits par Ludwig et paraissent appartenir au *calamocladus longifolius* (Schimper).

M. Williamson a publié en 1869 dans les Mémoires de la Société littéraire et philosophique de Manchester [3], une nouvelle forme de strobile de *calamite*. La figure de l'épi restauré qu'il donne, montre que les

1. London, *Paleont.* Soc. 1868.
2. *Journal of botany*, décembre 1867.
3. Vol. IV, 3º série.

sporangiophores, au nombre de vingt, partent non plus de l'axe, mais qu'ils en sont éloignés et portés sur des bractées stériles soudées entre elles.

Il est à regretter que la conservation de l'échantillon n'ait pas permis à M. Williamson d'observer plus complétement les détails de ce curieux strobile ; car tel qu'il est décrit il ne me paraît pas devoir se ranger à côté des précédents.

Le *volkmannia dawsoni*, étudié par le même savant dans le cinquième volume [1], offre une disposition tout autre : ici les bractées stériles sont libres, roides, aiguës, s'écartant obliquement de l'axe presque en ligne droite ; de leur aisselle s'élevaient les sporangiophores auxquels étaient fixés les sporanges disposés en série radiale en nombre variable. Malheureusement on ne sait pas bien comment les sporanges étaient attachés.

Telles sont les principales formes d'épis à structure interne conservée, signalées jusqu'à présent par différents paléontologistes. La forme la mieux connue est celle qui est désignée sous le nom de *bruckmannia*, toutes les autres sont dans leur structure anatomique ou inconnues ou à peine connues. Les épis que je vais décrire peuvent être rangés dans les trois types suivants :

>   *Bruckmannia.*
>   *Volkmannia.*
>   *Equisetites infundibuliformis.*

Le premier type est représenté par trois espèces.

La première trouvée dans les environs d'Autun est le *bruckmannia tuberculata* (Sternberg).

La deuxième et la troisième ont été rencontrées dans

---

1. 3ᵉ série du même recueil, 1870-1871.

les quartz de Grand-Croix, près de Saint-Étienne. Ces fructifications appartiennent à des *annularia* et elles ont pu être identifiées spécifiquement.

Les *volkmannia* sont représentés par deux espèces recueillies à Autun et qui paraissent appartenir l'une au *volkmannia gracilis* (Presl.), et l'autre à l'*asterophyllites equisetiformis* (Schlotheim).

L'*equisetites infundibuliformis*, épi fructifié des *macrostachia* (Schimper), n'a pu être étudié que sur un échantillon malheureusement très incomplet et qui laisse des doutes sur sa structure et sur son identité.

PREMIER TYPE DE FRUCTIFICATION ÉQUISÉTIFORME

PREMIÈRE ESPÈCE
Annularia longifolia, Bruckmannia tuberculata
Equisetites lingulatus.

Nous réunissons dans un seul groupe ces trois sortes de débris de végétaux que l'on rencontre très fréquemment associés dans les couches supérieures du terrain houiller, et qui paraissent être les *rameaux*, les *épis fructifiés* et la *tige* d'une même plante, de la classe des équisétinées.

CONSIDÉRATIONS GÉNÉRALES SUR LES *ANNULARIA*

Les *annularia* forment un genre bien défini par ses caractères extérieurs ; nombreux en espèces, les rameaux feuillés qui constituent ce genre ont été décrits sous les noms d'*annularia sphenophylloïdes* (Zenker), d'*annularia longifolia* (Brongniart), d'*annularia radiata*

(Brongniart), d'*annularia calamitoïdes* (Schenk), d'*annularia dawsoni* (Schenk), d'*annularia spicata* (Gutbier), etc., etc., qui chacun comprend un certain nombre de variétés.

Les rameaux articulés que l'on désigne sous le nom d'*annularia* sont toujours séparés des tiges qui les ont portés. A droite et à gauche partent des branches distiques qui s'étalent dans un même plan ainsi que leurs subdivisions, ces branches prennent leur origine sur des nœuds qui apparaissent comme des disques aplatis et striés circulairement.

Aux articulations se trouvent insérées des feuilles nombreuses disposées en verticille qui se dirigent également dans le même plan que celui des rameaux, de sorte que la circonférence formée par les bases d'insertion des feuilles est disposée obliquement par rapport au rameau et se présente avec la forme d'une ellipse dont le grand axe est dirigé dans le sens de la longueur de la branche ; comme l'espèce d'anneau sur lequel semblent insérées les feuilles est le plus souvent très apparent sur les empreintes, cela leur a valu leur nom d'*annularia*.

Cette disposition des branches et des feuilles dans un même plan est due au mode de végétation de ces plantes. Leur tige à peine connue, plongée en grande partie dans l'eau, émettait à chaque articulation des rameaux *(annularia)* qui s'étalaient à la surface comme beaucoup de plantes de nos étangs et couvraient de larges espaces ; de distance en distance de longs épis *(bruckmannia)* s'élevaient verticalement au dessus des rameaux et permettaient aux phénomènes de la fécondation de s'accomplir.

Les feuilles nombreuses, de vingt à trente à chaque

verticille, sont linéaires, lancéolées ou oblongues et spatulées. Généralement obtuses, uninerviées, assez rigides, libres jusqu'à la base, ne forment pas une gaîne comme dans les équisétinées, généralement plus longues du côté du verticille qui est dirigé en avant.

La consistance de la lame foliaire était plus solide ou d'un tissu plus épais que dans les calamites. La seule nervure qui existe est forte et se relève en demi-cylindre saillant sur le dos de la feuille. Les entre-nœuds étaient creux et séparés par des diaphragmes obliques, solides, à rebords épais, sur lesquels s'inséraient les feuilles.

Dans les gisements silicifiés d'Autun, je n'ai trouvé que quelques rameaux et quelques épis pouvant se rapporter aux *annularia* et tout porte à croire que ces débris se rattachent à l'*annularia longifolia*.

Annularia longifolia. — Voici la diagnose de cette espèce donnée par M. Brongniart :

Verticillis 20-26-phyllis radiatim expansis, foliis anguste lanceolato spathulatis subito fere acuminatis, in ramis centim. 5, in ramulis 1 cent. 1,5 longis, in medio millim. 2-3 latis, anticis et posticis lateralibus sæpius brevioribus, rigidiusculis, costa valida in ectypo plus minusve distincta ; spica longissima cent. circitu 1 lata.

Rameau. — Le fragment de rameau silicifié que j'ai eu occasion d'examiner et de décrire [1] était très court, par conséquent il n'a pas pu fournir tous les éclaircissements nécessaires pour l'intelligence complète de ces plantes curieuses, sans analogues immédiats dans le monde actuel ; c'est ainsi que je n'ai pu étudier la

1. Comptes rendus de l'Académie des sciences (3 mars 1873), p. 546, t. LXXVI.

structure d'un nœud, l'une des parties, sans contredit, les plus intéressantes à connaître.

Quoi qu'il en soit, ce fragment n'avait pas plus de 2^{mm} à $2^{mm}5$ de diamètre sur quelques millimètres de longueur seulement.

La tige est fistuleuse, sans cloisons; peut-être parce que je n'ai pas pu la suivre sur une longueur assez grande.

Sur une coupe transversale on y distingue deux parties : l'une entourant la cavité centrale et que l'on pourrait désigner sous le nom de cylindre ligneux, mais sans y attacher le sens que l'on donne à la même expression appliquée à la partie fibreuse des plantes dicotylédones; l'autre plus extérieure et qui peut être considérée comme l'écorce.

La partie qui correspondait au bois est formée de cellules allongées, fig. 10, pl. II, à section rectangulaire et terminée du côté de la cavité centrale par plusieurs rangées de cellules plus courtes. b fig. 6, pl. II. Cette cavité devait se former de très bonne heure comme chez les prêles, car la petitesse du rameau observé indique un état très jeune.

Sur une coupe transversale le cylindre ligneux se montre creusé d'une série de lacunes, au nombre de dix-huit, disposées en cercles; ces lacunes rappellent les lacunes essentielles que l'on rencontre dans les équisétacées.

Vers le bord interne des lacunes se trouvent des faisceaux vasculaires g, fig. 6 et 11, pl. II, qui se distribuaient aux feuilles ou aux rameaux placés aux articulations.

La position de ces faisceaux relativement à la lacune est différente de celle occupée par les faisceaux correspondants dans la tige des prêles. Dans le voisinage de la lacune on trouve des cellules munies de rubans en spirale ou disposés en anneau, *g*", fig. 11.

En dehors du cercle de lacunes, les cellules de la partie ligneuse deviennent plus épaisses et leurs parois plus résistantes. *h*, fig. 6.

La partie corticale est très simple, elle est formée de cellules parenchymateuses qui ont une tendance à s'allonger et à devenir fibreuses en s'approchant de la périphérie. L'écorce n'est pas creusée de lacunes comme celle des prêles, elle ne paraît pas cannelée, et si les empreintes schisteuses indiquent des cannelures, celles-ci proviennent vraisemblablement des deux faisceaux fibro-vasculaires qui accompagnent les lacunes intérieures et dont le tissu est moins compressible et plus résistant que le tissu cellulaire qui l'entoure.

En résumé, on voit que les rameaux d'*annularia* sont d'une très grande simplicité, du moins ceux qui sont d'une petite dimension, on n'y rencontre qu'un cercle de faisceaux vasculaires entourant une cavité centrale, les cellules allongées non prosenchymateuses qui accompagnent ces faisceaux n'étant que le tissu protecteur qui environne généralement les cordons vasculaires et qui ici forme les parois des lacunes. Dans certains cas, j'ai rencontré ces lacunes assez fréquentes dans les végétaux houillers, chez les sphenophyllum, les calamodendrées entre autres, complétement remplies de trachées déroulables.

L'écorce, également très simple, ne paraît pas avoir possédé de lacunes.

Par ce qui précède, on voit que si les *annularia* ont des rapports avec les prêles de nos jours, il existe toutefois suffisamment de différences pour qu'il soit impossible de les identifier avec elles.

Ces différences s'accusent davantage encore dans les fructifications.

En effet, l'appareil reproducteur des prêles est disposé en épi terminal à la tige et souvent aux rameaux ; il est formé, comme on sait, de verticilles rapprochés, de feuilles *toutes* fertiles, transformées en réceptacles peltoïdes hexagonaux par la pression réciproque, portés chacun sur un court pédicelle central perpendiculaire à l'axe commun. A la face interne de ces réceptacles se trouvent disposés circulairement cinq ou six sporanges allongés en poches et s'ouvrant sur leur côté interne au moyen d'une fente longitudinale ; les sporules sont globuleuses, munies de deux longs appendices filiformes fixés par le milieu, aplatis à leurs extrémités ; ces appareils appelés élathères sont enroulés en double spirale autour de la sporule pendant qu'ils sont humides, en se desséchant ils se déroulent brusquement et sont ainsi lancés au loin entraînant la sporule avec eux.

Nous allons voir que les fructifications des *annularia* n'offrent qu'un petit nombre de points communs avec celles des prêles.

. *Fructifications.* — Germar avait constaté [1] entre certains épis désignés par Sternberg sous le nom de *bruckmannia tuberculata* et entre les rameaux d'*annularia longifolia*, une association telle, dans les mines de Manebach et de Zwickau, qu'il ne lui restait que fort peu de doutes sur leurs dépendances mutuelles.

Cette association a été confirmée par M. Schimper [2]

1. Germar, *Petrificata stratorum*. — Wettini et Lœbejuni, Hall 1844.
2. Schimper, *Paléont. végét.* vol. I, p. 347.

et surtout par M. Grand'Eury [1] qui a vu sortir ces épis de rameaux qu'il rapporte à l'*annularia longifolia;* il est donc certain d'après cela que les longs épis de *bruckmannia tuberculata* sont les fructifications de l'*annularia* en question.

Plusieurs échantillons ont été rencontrés dans les gisements silicifiés d'Autun, lesquels ne peuvent se rapporter qu'au *bruckmannia* de Sternberg.

La fig. 1, pl. I, représente une portion d'épi légère‑ment comprimé, les verticilles au nombre de six, quoique en partie dépourvus de leurs organes appen‑diculaires, sont alternativement formés de feuilles *sté‑riles b b* et de feuilles *fertiles a a.*

Les fig. 3 et 4, de grandeur naturelle, permettent de comparer deux épis de *bruckmannia tuberculata :* le premier à l'état d'empreinte dans un schiste houiller de Saint-Étienne, le second conservé dans un magma siliceux d'Autun.

Le nombre des feuilles stériles sur un verticille est plus considérable que celui des feuilles fertiles ou *sporangiophores;* dans des échantillons mieux conser‑vés que celui qui est figuré en 1, je l'ai trouvé deux fois plus grand, les feuilles insérées perpendiculairement à l'axe de l'épi s'en éloignent d'abord horizontalement puis se redressent presque verticalement; les figures 12 et 13 sont des sections transversales faites dans la partie horizontale de la feuille et dans la portion qui est redressée; elles sont lancéolées, épaisses, uniner‑viées; la nervure est saillante, le limbe étroit quoique s'élargissant un peu dans la partie relevée pour mieux protéger les sporanges. Souvent les bords de la feuille

---

1. Grand'Eury, *Flore carbonifère du départ. de la Loire,* Iʳᵉ partie, p. 45.

ont disparu et il ne reste guère que la portion qui correspond à la nervure.

Les pédicelles verticillés qui portent les sporanges et qui alternent avec les verticilles de bractées stériles, sont insérés au milieu de l'entre-nœud sur des côtes saillantes, en partie fibro-vasculaires, et dirigées parallèlement à l'axe de l'épi ; ces côtes correspondent aux lacunes, comme nous l'avons vu et comme on peut s'en convaincre en comparant les fig. 1 et 5, cette dernière représentant une coupe passant par un verticille de sporangiophores.

Ceux-ci sont cylindriques, fig. 14, terminés en pointe. S'il a existé un disque peltoïde comme chez les prêles, ce disque a toujours disparu dans les échantillons examinés ; ils paraissent avoir été plus solidement fixés à l'axe que les bractées, car on en trouve davantage qui sont encore en place.

A chacun d'eux étaient fixées deux paires de sporanges (fig. 2 et 7), mais rarement on les trouve dans leur position naturelle, ils gisent épars aux environs de leur support (fig. 1).

La plupart du temps ce ne sont même que les enveloppes qui sont restées, leur contenu a été disséminé.

Le sporange garni de ses spores se présente sous la forme d'un petit sac à sections transversale et longitudinale, sensiblement rectangulaires (fig. 2 et 8). Sa hauteur est à peu près de 2^{mm}, son épaisseur $0^{mm}7$, et sa longueur diamétrale $1^{mm}3$. Les spores qui y sont contenues sont sphériques, nombreuses, et ont environ $0^{mm}1$ de diamètre.

L'enveloppe du sporange, très délicate, est formée de cellules polyédriques, dont la juxtaposition produit une mince membrane d'un aspect réticulé (fig. 8).

La structure de l'axe qui porte l'inflorescence est sensiblement la même que celle des rameaux décrits précédemment.

Le nombre des lacunes était de seize, par conséquent le nombre des sporangiophores également de seize, et celui des bractées stériles de trente-deux.

Je n'ai rencontré à la surface de l'épi ni écorce, ni épiderme, ce qui fait qu'elle paraît cannelée, grâce à la compression du tissu cellulaire recouvrant le tissu fibro-vasculaire des côtes.

Aux articulations (fig. 2) on ne voit pas de cloisons transversales, soit parce que les épis différaient en cela des rameaux et des tiges, soit, ce qui est plus probable, parce que toute trace en aurait disparu.

Le diamètre de l'axe peut atteindre 5 à 6 millimètres, et comme il ne diminue que très lentement, la longueur de l'épi devait être considérable.

Tige. — *Equisetites lingulatus* (Germar). Parmi les nombreux débris de l'*annularia longifolia*, M. Grand'-Eury signale [1] des tiges rompues aux articulations, où est tendu un diaphragme, auquel font suite tout autour, à l'extérieur, des feuilles en languettes étalées soudées à la base, semblables à celles décrites par Germar (loc. cit.) et qui pourraient bien être les tiges auxquelles étaient attachés les rameaux d'*annularia*. Ni à Saint-Étienne, ni à Autun on n'a encore rencontré de ces tiges à l'état silicifié, par conséquent ce que l'on en sait se réduit à ce que les empreintes ont pu fournir. Voici les traits principaux de la description de Germar :

« Les diaphragmes se présentent sous la forme d'empreintes circulaires ou elliptiques à diamètre essentielle-

1. Loc. cit. p. 44.

lement variable, le centre est toujours ou concave ou convexe et entouré par une zone plane; celle-ci est limi-tée par un anneau étroit dont le bord intérieur est dentelé (les dentelures proviennent des faisceaux vas-culaires qui forment saillie du côté de l'axe et accom-pagnent sans doute le cercle interne de lacunes). En dehors se trouverait un autre cercle de lacunes, analogue à celui qui existe chez les prêles, mais d'après M. Grand'-Eury ce deuxième cercle ne serait qu'une apparence due au passage à chaque articulation des faisceaux vasculaires se dirigeant vers les feuilles. »

» Celles-ci sont lancéolées, disposées en verticille et soudées à leur base; la longueur de la portion libre du limbe est de 13 à 14 millimètres environ, la partie soudée étant de 7 à 8 millimètres. Les tiges ne prennent pas beaucoup d'accroissement et sont légèrement striées à la surface. »

Comme on le voit, les *annularia*, tout en ayant des analogies évidentes avec les prêles de nos jours, en sont assez distinctes et par la structure de la tige et celle des rameaux, les fructifications surtout sont différentes; c'est une section importante de cette famille qui n'est pas parvenue jusqu'à nous.

Généralement on admet l'existence des prêles à l'é-poque houillère et pourtant, jusque à présent on n'en a pas encore rencontré soit à l'état silicifié, soit à l'état carbonaté. La structure n'est connue que par des em-preintes dans les tiges qu'on rapporte à ce groupe, et l'on sait que même dans les meilleures empreintes il reste beaucoup de vague et d'indécision; il serait donc à désirer que les recherches qui se font de divers côtés amenassent la découverte de quelque épi, ou de quelque rameau silicifié appartenant d'une manière incontestable à ce genre qui a bien déchu en arrivant jusqu'à nous.

EXPLICATION DES PLANCHES

RELATIVES AU BRUCKMANNIA TUBERCULATA

PLANCHE I

FIGURE 1. — Fructification de l'*annularia longifolia* (*bruckmannia tuberculata*, Sternberg). Cet épi était comprimé dans un rognon siliceux (gros. 10 diam.).

A. Axe de l'épi ; sa surface dépourvue de la partie épidermique montre des côtes saillantes sur lesquels s'insèrent les sporangiophores.

a. Rameaux fructifères ou sporangiophores, entiers ou brisés, formant un verticille sensiblement perpendiculaire à la direction de l'axe de l'épi.

b. Bractées alternant avec les rameaux ; elles se dirigent à peu près horizontalement, puis se recourbent assez brusquement en se relevant pour entourer les sporanges.

c. Débris de sporanges ; le plus souvent ils sont tombés ou ce ne sont plus que des enveloppes vides de spores.

FIG. 2. — Coupe longitudinale passant par l'axe de l'épi et une bractée stérile b. Les sporanges, groupés par 4 autour du sporangiophore a, se sont en partie détachés et reposent ceux du bas sur la bractée stérile b (grossissement 35 diam.).

i. Partie interne cellulaire de l'axe, la régularité de la disposition des cellules dans le voisinage des deux articulations a et b, indique l'absence probable de cloisons transversales.

FIG. 3. — Fructification à l'état d'empreinte, grandeur naturelle, de l'*annularia longifolia* (*bruckmannia tuberculata*, Sternberg), des schistes houillers de Saint-Étienne.

FIG. 4. — Fructification silicifiée du même végétal, grandeur naturelle, provenant des gisements silicifiés d'Autun.

PLANCHE II

Fɪɢ. 5. — Coupe transversale passant par un verticille fertile.

a. Sporangiophores.

b. Lacunes provenant de la contraction ou de la destruction d'une partie du tissu des faisceaux vasculaires qui environnent la cavité médullaire o.

Fɪɢ. 6. — Coupe longitudinale d'un rameau d'*annularia longifolia* (gross. 20 diam.).

o. Partie fistuleuse de la tige.

b Partie cellulaire du tissu ligneux.

c. Lacune.

g. Faisceau vasculaire placé contre les parois d'une lacune.

h. Cellules ligneuses non prosenchimateuses.

i. Cellules corticales un peu plus hautes que larges et qui s'allongent de plus en plus en se rapprochant de la périphérie.

e. Silice amorphe enveloppant le rameau.

Fɪɢ. 7. — Coupe transversale passant par un verticille de sporangiophores. On aperçoit en c c deux sporanges placés au dessus de leur support (35 diam.).

Fɪɢ. 8. — Coupe transversale d'un sporange (62 diam.).

Les spores h h ont 0,092 ‰.

k. Enveloppe réticulée du sporange.

Fɪɢ. 9. — Cellules corticales, les plus longues sont tournées vers la périphérie.

Fɪɢ. 10. — Cellules allongées mais non terminées en pointe qui accompagnent vers l'intérieur les faisceaux vasculaires (gross. 150 diam.).

Fɪɢ. 11.—g. Faisceau vasculaire appliqué contre le bord interne d'une lacune et formé de vaisseaux scalariformes et de trachées.

g'. Cellules allongées accompagnant le faisceau vasculaire g et lui servant de gaîne protectrice.

g''. Cellules sur la paroi interne desquelles on distingue des spirales et des portions d'anneaux.

Fɪɢ. 12. — Coupe transversale d'une bractée dans son parcours horizontal (gros. 35 diam.).

Fɪɢ. 13. — Coupe transversale d'une bractée dans la portion verticale, même grossissement.

Fɪɢ. 14. — Coupe transversale d'un sporangiophore.

DEUXIÈME ET TROISIÈME ESPÈCES

Bruckmannia Grand'Euryi et Bruckmannia Decaisnei.

Les deux espèces que je désigne sous le nom de *bruckm. Grand'Euryi,* et de *bruck. Decaisnei,* proviennent des magmas silicifiés recueillis près de Saint-Étienne par M. Grand'Eury. Noyées dans la silice, leur surface extérieure n'a pu permettre de reconnaître la forme exacte des bractées, dont on ne peut découvrir la disposition qu'au moyen de coupes transversales; c'est là la cause principale de la difficulté que présente leur assimilation à des empreintes connues. Cependant j'ai rencontré des empreintes recueillies à Saint-Étienne qui ne laissent guère de doutes sur leur identité spécifique avec les premières, à cause de certains détails que je signalerai dans les épis fossiles.

Ces épis sont cylindriques; leur longueur totale est inconnue, mais elle paraît avoir été considérable; leur diamètre est de 11 à 12 millimètres; celui de l'axe est de 2^{mm}5 à 3^{mm}. La distance des verticilles stériles entre eux est de 5^{mm}5.

Ce genre m'a offert les deux espèces que j'ai citées plus haut et qui diffèrent entre elles, par le nombre des éléments qui entrent dans la constitution des verticilles stériles et des verticilles fertiles.

Dans l'une des espèces, le *bruck. Grand'Euryi,* le verticille stérile se compose de 36 bractées, et le verticille fertile de 18 sporangiophores, tansdis que dans l'autre espèce, le *bruckmannia Decaisnei,* on compte 24 bractées stériles et 12 sporangiophores.

L'axe est formé d'un cylindre ligneux plus serré et

plus épais que celui que j'ai indiqué dans le *bruckm.
tuberculata*, il est composé de fibres rayées disposées
en série radiale aux articulations, mais cette disposition
n'est qu'accidentelle et due au passage des faisceaux
vasculaires qui se dirigent dans les feuilles ou dans les
sporangiophores.

La partie centrale de l'axe est occupée par une moelle
continue dont les cellules, plus hautes que larges, sont
disposées en files verticales, sans dérangement dans le
voisinage des articulations, ce qui prouve que la tige
n'était pas cloisonnée aux nœuds.

Sur une coupe transversale, le cercle ligneux, épais
de $0^{mm}3$ à $0^{mm}6$ aux articulations, est creusé de lacunes
qui sont disposées en cercle autour de la moelle et en
même nombre que les sporangiophores. [1]

Dans les deux espèces, les bractées stériles s'éloignent
horizontalement à peu près à $2^{mm}5$ de la surface extérieure de l'axe et se redressent ensuite. Les bractées
fibreuses intérieurement sont parcourues par un faisceau vasculaire qui en occupe la partie inférieure et
médiane; une coupe transversale de la portion horizontale de la bractée donne une figure plan-convexe, la
portion convexe étant en dessous. La partie fibreuse de
la bractée dépassait, en se relevant, le milieu de l'entre-
nœud; mais cette partie fibreuse paraît avoir été recouverte par un tissu cellulaire moins résistant, dont on
retrouve souvent les traces, et qui peut-être se serait
continué sur une longueur d'environ 2 cent. de façon
à atteindre le haut du deuxième entre-nœud supérieur.

---

1. D'après mes nouvelles recherches, à chaque lacune correspondent deux
faisceaux vasculaires, à section transversale lunulée, la convexité du croissant tournée vers l'axe, chaque sporangiophore reçoit deux branches vasculaires, provenant chacune de l'une des pointes de deux faisceaux contigus.

Autour de plusieurs des épis j'ai rencontré en effet de nombreux débris de ces organes, qui sur une coupe transversale, fig. 9 et 10, pl. IV, se présentent sous la forme d'une section arrondie du côté de la face extérieure ; les bords, relevés de chaque côté de la bractée, forment deux gouttières longitudinales le long de la nervure médiane saillante, cette dernière est occupée à son centre par des cellules allongées dans le sens de la longueur de la bractée.

A droite et à gauche de cette nervure, le tissu est formé essentiellement de grandes cellules allongées dans le sens transversal, le grand axe est perpendiculaire à la nervure médiane, et elles sont rangées parallèlement au limbe de la bractée, dont la surface est recouverte par un épiderme très régulier.

A la maturité de l'épi cette partie cellulaire de la bractée devait probablement se séparer de la partie fibreuse qui, du reste, paraît elle-même avoir dû se détacher facilement de l'axe.

La partie cellulaire des bractées forme au dessous de la partie fibreuse un plancher continu horizontal, d'où émanent verticalement et en forme de lames rayonnantes des prolongements cellulaires, qui s'étendent en forme de cloisons au delà des sporangiophores placés au dessous. L'une des espèces possède dix-huit de ces cloisons verticales, l'autre douze seulement, autant que de sporangiophores.

Ces lames rayonnantes, qui dépassent peu les sporangiophores, ne paraissent pas s'être prolongées jusqu'au verticille stérile inférieur.

C'est dans l'intervalle laissé entre elles par ces lames de tissu cellulaire que se trouvent logés les sporanges.

Les sporangiophores sont parcourus en dessus par un faisceau de trachées; ils se terminent par autant de bandes cellulaires verticales, soudées aux diaphragmes dont je viens de parler; elles les recouvrent extérieurement et s'étendent jusqu'aux bractées stériles du verticille qui se trouve au dessus.

Les cellules qui composent ces bandes sont à parois épaisses, allongées perpendiculairement à sa surface, et paraissent avoir joué le rôle de tissu élastique; cette couche est plus solide et plus fibreuse dans la partie qui se soude aux sporangiophores.

J'ai dit que le sporangiophore était parcouru en dessus par un faisceau vasculaire de trachées. Ce faisceau, avant d'atteindre l'extrémité de l'organe, se sépare en deux branches horizontales très courtes, qui se subdivisent ensuite chacune en deux autres branches placées dans un plan vertical; ces quatre faisceaux s'arrêtent à la base des sporanges, qui sont ainsi placés par paire de chaque côté de la cloison qui réunit le sporangiophore au verticille supérieur.

Cette disposition par paires de chaque côté de la membrane cellulaire indique que le verticille fertile, dont les éléments sont moitié moindres que ceux du verticille stérile, se compose en réalité d'un nombre égal de sporangiophores soudés deux à deux.

Dans la fig. 8, pl. IV, on peut voir quatre de ces sporanges dont il ne reste plus que les membranes déchirées du côté de leur support, encore inclus entre les lames cellulaires, et dont les spores se sont échappées. Celles-ci, comme celles de nos végétaux actuels, se formaient quatre par quatre dans des cellules mères renfermées dans les sporanges; elles étaient globuleuses, à surface unie, marquée souvent de la triradiation caractéristique.

La fig. 7, pl. iii, montre plusieurs cellules mères qui renferment 4 spores dont on ne peut voir que 3; l'enveloppe des spores paraît irrégulière à cause d'une contraction accidentelle.

A l'époque de la maturité, l'enveloppe du sporange se déchirait, et les diaphragmes cellulaires, dont les bords extérieurs étaient sans doute sollicités de bas en haut en même temps que les sporangiophores par la lame élastique, en s'écartant, laissaient échapper les spores qui pouvaient se disséminer librement, les bractées étant alors, en effet, débarrassées de la portion cellulaire qui les surmontait.

En examinant des empreintes d'épis longs de 12 à 15 cent. provenant de Saint-Étienne, et dont l'aspect rappelait ceux de *bruckmannia tuberculata*, j'ai pu distinguer, au dessus de chaque sporangiophore, une lamelle qui allait rejoindre le verticille stérile supérieur ; le bord extérieur et plus épais de ce diaphragme vertical partait de l'une des bractées en se dirigeant vers l'extrémité des sporangiophores, où elle se terminait au dessous sous la forme d'un onglet recourbé ; les sporangiophores, au lieu d'être perpendiculaires à l'axe de l'épi, étaient obliques comme s'ils avaient été tirés de bas en haut par leur extrémité.

Dans les échantillons que j'ai pu examiner, les sporanges étaient tombés ; leur présence aurait plus ou moins masqué les détails que je signale.

Quant aux bractées stériles, elles avaient perdu les appendices cellulaires dont j'ai parlé à propos des épis silicifiés, ou bien n'en avaient jamais porté, car je n'en ai vu aucune trace.

EXPLICATION DES PLANCHES

DES BRUCKMANNIA GRAND'EURYI ET DECAISNEI

BRUCKMANNIA GRAND'EURYI.—PLANCHE III

FIGURE 1. — Coupe longitudinale (10 diam.) d'une portion
d'épi de *bruckmannia Grand'Euryi* passant par quatre bractées
stériles et deux sporangiophores ; on a figuré seulement les parties de droite.

a. Partie pseudo-ligneuse de l'axe : la moelle a disparu dans
cet échantillon.

b b. Bractées formées d'une partie fibreuse et d'une couche
cellulaire f placée en dessous, très souvent détruite.

c c. Nœuds de la tige correspondants aux points d'attache des
bractées qu'il n'est pas rare de rencontrer séparés de l'axe en d.

e. Sporangiophore s'insérant au milieu de l'intervalle compris
entre deux verticilles de bractées ; son extrémité se termine par
une lame cellulaire verticale h, sorte de bande élastique qui
s'étend jusqu'au verticille supérieur de bractées ; les cellules
qui la composent sont prismatiques, et leur grand axe dirigé
perpendiculairement à la surface de la bande.

o. Lame cellulaire formant une cloison verticale ; elle s'étend
entre le sporangiophore et le verticille de bractées, d'une part, et
entre l'axe de l'épi et la bande élastique de l'autre (dans la
figure cette cloison est séparée par déchirement, de l'axe et du
verticille supérieur).

i. Continuation de la lame cellulaire au dessous du sporangiophore, mais dans aucun cas je ne l'ai vu s'étendre jusqu'au
verticille inférieur.

FIG. 2. — Section transversale de l'axe de l'épi faite à la hauteur d'un verticille stérile (gros. 35 diam.).

a. Partie fibro-vasculaire de l'axe : dans cette région qui
correspond à un nœud, les fibres prennent une disposition

rayonnante assez marquée mais due au passage des faisceaux vasculaires qui se rendent dans les feuilles.

f. Tissu cellulaire réunissant les bractées stériles *b b* entre elles.

l. Lacunes en même nombre que les sporangiophores et formant un cercle autour de la moelle.

Fig. 3. — Section transversale de l'axe à la hauteur d'un verticille de sporangiophores (gros. 10 diam.).

a. Partie vasculaire de l'axe.

l. Lacunes en même nombre que les sporangiophores.

b b. Bractées stériles du verticille inférieur rencontrées par la section ; la partie fibreuse de la bractée seule est conservée.

e e. Sporangiophores au nombre de dix-huit; dans cette espèce, le côté supérieur des sporangiophores est parcouru par un faisceau vasculaire ; en *l l* on le voit se diviser en deux branches horizontales.

k k. Loges formées par les cloisons verticales qui s'étendent des sporangiophores au verticille supérieur; dans chacune de ces loges se trouve une paire de sporanges.

n. Membrane tapissant l'intérieur des loges; les sporanges n'existent plus dans l'échantillon figuré.

h. Bandes élastiques qui recouvrent l'extrémité des sporangiophores et le bord vertical des cloisons.

Fig. 4. — Section transversale faite dans l'intervalle d'un verticille stérile et d'un verticille fertile (gros. 10 diam.).

a. Partie fibro-vasculaire de l'axe.

l. Lacunes.

o. Cloisons verticales en même nombre que les sporangiophores.

h. Bande élastique qui recouvre leur bord extérieur.

k. Loges occupées par les sporanges.

Fig. 5. — Coupe tangentielle verticale faite en dehors de l'axe de l'épi et rencontrant deux verticilles de bractées stériles et un verticille intermédiaire de sporangiophores (gros. 10 diam.).

b b. Coupe transversale des bractées stériles; une couche cellulaire, *f f*, forme un plancher continu au dessous de chacun des verticilles; la séparation de ce plancher et du verticille est le résultat de la macération qu'a dû subir l'épi lors de la silicification.

e e. Section transversale des sporangiophores : ceux qui sont situés à droite et à gauche de la figure sont rencontrés obliquement par la section et permettent de voir une assez grande partie des cloisons cellulaires ; leur prolongement *i i*, au dessous du sporangiophore, et la bande élastique *h* qui recouvre leur bord externe.

o o. Les autres cloisons qui réunissent les sporangiophores et le plancher cellulaire du verticille stérile.

Fig. 6. — Coupe longitudinale et radiale passant par un nœud de l'épi.

a. Partie ligneuse formée de cellules ou fibres rayées ; *a'*, cellules allongées, sans stries, plus rapprochée de la moelle ; c'est dans cette région que sont creusées les lacunes longitudinales.

t. Faisceau vasculaire qui se rend dans une bractée.

p. Fibres corticales.

Fig. 7. — Trois groupes de spores (gros. 100 diam.). Chaque groupe est composé de 4 spores dont 3 seulement peuvent être vues dans le dessin. Leur surface devait être lisse, mais l'enveloppe a subi une contraction qui la fait paraître plissée. Les spores ne sont pas encore séparées et paraissent encore renfermées dans la cellule mère.

BRUCKMANNIA GRAND'EURYI. — PLANCHE IV

Fig. 8. — Coupe tangentielle un peu oblique, passant par l'extrémité d'un sporangiophore dans la partie supérieure de la figure et plus près de l'axe de l'épi à la partie inférieure (gros. 10 diam.).

b b. Bractées stériles : le faisceau vasculaire *t*, qui a parcouru le sporangiophore, se divise en deux branches horizontales *t' t'* et chacune d'elles en deux autres *u u u' u'* ; ces quatre branches se portent dans le tissu charnu qui termine le sporangiophore, et dans lequel se trouvent plongées les bases des sporanges.

La partie inférieure de la figure montre que la section rencontre le sporangiophore *e* plus près de l'axe et n'intéresse plus la partie charnue ; en *v v* on voit les enveloppes déchirées des sporanges ; la déchirure est tournée du côté du sporangiophore *e* ; entre les deux enveloppes supérieures s'étend la cloison cellulaire *o*.

Fɪɢ. 9. — Section transversale d'appendices ou de bractées que l'on trouve en grand nombre autour des épis précédents et qui pourraient être des prolongements cellulaires de la partie fibreuse b des bractées stériles.

Fɪɢ. 10. — Même section plus grossie (20 d.).

x. Grandes cellules prismatiques dont le grand axe est dirigé perpendiculairement à la surface de la bractée.

j. Cellules à sections rectangulaires disposées sur un seul rang formant l'épiderme ; t, faisceau vasculaire central.

Fɪɢ. 11. — Coupe longitudinale de cette bractée montrant la nervure médiane et les grandes cellules parallèles entre elles et disposées symétriquement de chaque côté de la nervure.

Fɪɢ. 12. — Coupe longitudinale du *bruchmannia Decaisnei.*

a. Partie ligneuse de l'axe.

b b. Verticille stérile enveloppant les sporanges.

e. Sporangiophore dont l'extrémité se trouve déjetée vers le bas accidentellement ; on reconnaît que le tissu cellulaire de la cloison o a été déchiré par cet écartement.

h. Lame élastique qui s'étend du sporangiophore jusqu'aux bractées stériles.

c. Nœud correspondant à l'articulation d'une bractée stérile.

m. Moelle occupant le centre de l'épi ; elle est continue et il n'y a aucune cloison transversale aux articulations.

Fɪɢ. 13. — Coupe transversale du même épi (gross. 10 d.).

a. Partie ligneuse de l'axe.

l. Lacunes en même nombre que les sporangiophores ; en t, on voit le faisceau vasculaire se bifurquer en deux branches horizontales avant de pénétrer de chaque côté de la cloison pour se distribuer à chaque paire de sporanges.

On compte dans cette espèce douze sporangiophores et vingt-quatre bractées stériles ; le *bruchmannia* précédent a, comme on s'en souvient, dix-huit sporangiophores et trente-six bractées stériles.

o. Partie supérieure des cloisons verticales ; comme la coupe est légèrement oblique, en t elle passe par un sporangiophore et en o, un peu au dessous.

l'. Traces des faisceaux vasculaires des deux branches inférieures qui se rendent à la base des deux sporanges placés au dessous du plan du verticille fertile.

n. Membrane tapissant l'intérieur des loges formées par les cloisons cellulaires.

f. Section transversale d'un cercle de bractées composant le verticille stérile immédiatement inférieur.

h. Bande élastique qui tapisse les cloisons verticales.

l. Lacunes au nombre de douze comme les sporangiophores.

DEUXIÈME TYPE DE FRUCTIFICATION ÉQUISÉTIFORME

ÉPIS DÉSIGNÉS SOUS LE NOM DE *VOLKMANNIA.* STERNB.

Les épis dits *volkmannia* se trouvent associés le plus souvent avec des rameaux désignés sous le nom d'astérophyllites, de la même façon que les *bruckmannia* accompagnent le plus ordinairement les rameaux d'*annularia*. Il y a donc grande probabilité pour que les *volkmannia* soient les épis fructifiés de certains astérophyllites; il est bon par conséquent de rappeler les opinions diverses émises sur ces plantes.

M. Brongniart dit [1] : « Cette famille me paraît pouvoir comprendre des végétaux tous semblables par leurs tiges articulées ou du moins à organes appendiculaires verticillés, tantôt herbacées, tantôt ligneuses et arborescentes, à feuilles plus ou moins unies par leur base, de manière à former un anneau ou une courte gaîne que dépasse un limbe foliaire étroit mais très développé proportionnellement à la gaîne, simple et entier. Ces

---

1. *Tabl. des genres de plantes fossiles,* p. 49.

organes appendiculaires, dans les vrais astérophyllites, forment aux extrémités des rameaux des sortes de chatons composés de feuilles plus ou moins soudées, portant à leur surface supérieure des conceptacles à peu près globuleux, pleins d'une matière pulvérulente qu'on peut considérer comme du pollen ou comme des spores, et ces épis seraient analogues ou aux chatons mâles des conifères ou des cycadées, ou aux épis des *lycopodiacées*. »

« Mais la présence, auprès de beaucoup des échantillons d'astérophyllites et au milieu de leurs rameaux, de petites graines ovales aplaties, quelquefois un peu ailées, ressemblant à celle des ifs ou des thuya, peut faire supposer que ces végétaux sont plutôt phanérogames. »

« Cette probabilité est appuyée par l'analogie que paraissent avoir ces rameaux avec des tiges semblables par leurs formes aux calamites, mais dont la structure interne serait très différente de celle des vrais calamites ; ce sont les *calamodendrons*, tiges arborescentes, ligneuses, ayant ainsi probablement les *astérophyllites* pour rameaux. »

M. Schimper [1] n'a aucun doute sur la nature cryptogamique des épis rapportés aux astérophyllites, et ne voit de difficulté que pour faire la distinction des épis qui appartiennent aux calamites, de ceux qui appartiennent aux *annularia*.

Les recherches les plus complètes sur ce sujet sont celles publiées par M. Grand'Eury [2] qui donne l'explication de ces deux opinions contradictoires.

En effet, parmi les rameaux présentant les caractères

---

1. *Traité de Paléontologie végétale*, p. 308, vol. 1.
2. *Flore carbonifère du départ. de la Loire*, p. 35.

des astérophyllites, il en a distingué de deux sortes, les uns se présentant sous la forme de branches articulées, simples ou ramifiées, une seule fois d'ordinaire, toujours dans un même plan avec feuilles relevées, disposées en verticille; ces rameaux naissent en verticilles sur des tiges *calamitoïdes ;* comme leurs rameaux distiques sont inégaux et inégalement obliques, il faut croire que leur plan passait par la tige commune et était vertical comme dans les *thuya.*

Les astérophyllites étaient disposés en verticilles sur des tiges spéciales que l'auteur désigne sous le nom de *calamophyllites,* leurs feuilles étaient raides et uninerviées.

Les autres rameaux, de même apparence que cette première sorte d'astérophyllites et confondus avec eux, ont un aspect beaucoup plus ligneux, les feuilles, également raides et verticillées, ont quelquefois plusieurs nervures, et doivent être rapportées aux *calamodendrons,* toutefois sans certitude absolue.

Les épis que nous allons décrire ici ayant un axe calamitoïde, nous n'avons à nous occuper que des astérophyllites cryptogames; je vais résumer le résultat des recherches de M. Grand'Eury sur ce sujet.

Calamophyllites, Gr.[1] — On a remarqué depuis longtemps entre les *calamites* et les *astérophyllites* une différence notable qui les a fait séparer par MM. Brongniart et Andra. D'un autre côté, Geinitz dit, (p. 8 de sa *Flore de Saxe),* que les tiges d'astérophyllites sont incomplétement articulées, à côtes non évidentes, et portent des bourrelets aux articulations.

En vertu de la loi d'égale conformation qui doit se vérifier entre parties similaires d'un même organe, les

1. Loc. cit., p. 32.

tiges d'*asterophyllites* doivent présenter les mêmes caractères et porter par suite, ou des feuilles, ou les marques des cicatrices qu'elles ont dû laisser en tombant.

Ces tiges, en effet, ordinairement moins grosses que celles des calamites, sont lisses, articulées à plus courts intervalles, garnies encore de longues feuilles libres, rigides, dressées ou marquées de leurs cicatrices persistantes, rondes ou transversalement elliptiques, bien différentes des tubercules terminant les côtes des calamites en ce qu'elles sont nettement définies, pourvues toujours d'une cicatrice vasculaire centrale très évidente, et situées au dessus de la ligne d'articulation, sans rapport avec les stries inconstantes ou les côtes d'emprunt de la surface.

La tige est en outre décorée de grosses cicatrices discoïdales disposées en verticilles périodiquement renouvelés, situées au dessus de l'articulation et dénotant des branches axillaires d'astérophyllites. Il faut ajouter que les articles où se trouvent les cicatrices raméales sont encore notablement plus courts que les autres, que la longueur des entre-nœuds varie périodiquement d'un verticille de rameaux au suivant, et que les tiges ne s'effilent pas vers le sommet comme celles des calamites.

L'auteur a parfaitement constaté que la cavité médullaire, remplie par la roche environnante, offrait un aspect calamitoïde, de sorte que certains calamites, le *cal. approximatus* (Br.), le *cal. infractus* (Gutb.), le *cal. varians* (Sternb.), ne seraient rien autre chose que le moule interne médullaire de certains *calamophyllites*.

Le moule calamitoïde est souvent distant de la couche de houille qui représente l'écorce, ce qui indique un cylindre de tissu assez épais ayant existé entre la cavité

médullaire et l'écorce ; celle-ci reste mince, sensiblement unie à la surface. Ces tiges se distinguent donc
de celles des calamites par un moule interne calamitoïde à plus courts entre-nœuds et variant périodiquement de longueur, par un cylindre ligneux et cortical
bien plus épais et par une écorce presque lisse.

Telles sont les tiges qui ont porté les astérophyllites
cryptogames et dont nous allons décrire deux espèces
d'épis silicifiés, trouvés à Autun.

Les empreintes de *volkmannia gracilis* ont été trouvées associées aux *asterophyllites equisetiformis* et
asteroph. hippuroïdes ; l'identification n'est donc pas
encore certaine.

Peut-être le premier épi silicifié appartient-il à
l'*asteroph. hippuroïdes*, le second pourrait se rapporter
avec plus de probabilité à l'*asterophyllites equisetiformis*.

Volkmannia gracilis [1]. *Épi de l'asterophyllites hippuroïdes ?* — Le sommet de l'axe de cet épi, terminé en
cône peu élevé, est recouvert par les derniers verticilles
de bractées stériles qui, en se réunissant, donne à l'extrémité une forme arrondie.

Le diamètre de l'axe est de 2mm5 environ. Sa partie
ligneuse, formée de fibres allongées, rayées, constitue
un cylindre entourant une moelle composée de cellules
un peu plus hautes que larges, disposées sans interrup-
tion par files verticales aux articulations, dépourvues
par conséquent de cloisons transversales.

Le cylindre ligneux est parcouru, dans le sens de sa
longueur, par des lacunes dont le nombre paraît correspondre à celui des sporangiophores.

L'axe porte alternativement des verticilles stériles et

1. Cette espèce a été trouvée par M. Lacatte, économe du grand séminaire
d'Autun.

des verticilles fertiles. Les premiers, distants de 2mm, se composent de vingt bractées qui s'éloignent horizontalement de leur point d'insertion en se recourbant un peu vers le bas, puis elles se relèvent à une distance de 1mm5 de l'axe, atteignent une longueur verticale de 4 à 5mm et dépassent ainsi de beaucoup l'entre-nœud supérieur.

La partie de la bractée où existe la courbure est renflée et se prolonge en dessous en forme d'onglet plus ou moins saillant dans l'entre-nœud inférieur.

Une coupe transversale des bractées dans la partie où elles forment un plancher horizontal montre qu'elles sont planes en dessus, mais parcourues en dessous par une côte saillante formée par un faisceau vasculaire.

Ces bractées se joignent en dessus par leurs bords, mais sans se souder, comme cela arrive dans les *bruckmannia Grand'Euryi* et *Decaisnei;* leurs sections transversales à différentes hauteurs sont d'abord elliptiques, le petit axe de l'ellipse étant dirigé suivant le rayon ; un peu plus haut une légère saillie se montre sur la surface intérieure, et en même temps de chaque côté de cette saillie, la surface de la bractée devient concave, la face extérieure reste convexe ; un peu plus haut encore, la section redevient elliptique, puis enfin circulaire ; la bractée est donc raide, uninerviée, subulée dans la partie relevée, non lancéolée et aplatie comme celle des *bruckmannia,* mais diminuant de largeur à peu près régulièrement jusqu'au sommet terminé en pointe.

A l'aisselle des bractées, et de deux en deux sur un même verticille, s'insèrent les sporangiophores : ceux-ci s'élèvent obliquement en s'écartant de l'axe ; leur extrémité se dilate en forme de disque épais, sous les bords desquels, parallèlement aux sporangiophores, sont disposés quatre sporanges ovoïdes dont la pointe regarde le côté de l'axe.

Leur longueur est de 0mm7 et leur diamètre 0mm3. L'enveloppe paraît formée d'une seule couche de cellules renfermant des granulations sphériques très petites dans l'échantillon que j'ai sous les yeux, soit parce que les spores sont très jeunes, soit parce qu'elles sont prises au sommet de l'épi.

La section du sporangiophore est circulaire, le centre en est parcouru par un faisceau vasculaire qui se divise en quatre branches dans la partie charnue du disque, et chacune d'elles se subdivise ensuite sous chacun des quatre sporanges dont la base est plongée dans le tissu charnu.

Épi fructifié de l'Asterophyllites equisetiformis. — Le deuxième échantillon appartient, comme je l'ai dit, à une autre espèce et à la région moyenne de l'épi au lieu d'en être l'extrémité, comme le précédent.

Sa surface libre et débarrassée de silice présentait quelques bractées assez bien conservées. Celles-ci sont droites dans la partie verticale de leur longueur, hautes de 7 à 8mm sur 1mm5 de large et en contact par leurs bords à la partie inférieure; au tiers de leur hauteur, la largeur diminue régulièrement jusqu'à l'extrémité, terminée en pointe aiguë qui atteint presque la deuxième articulation située au dessus. Leurs sections transversales présentent les mêmes variations de forme que celles que j'ai signalées précédemment dans la description de la première espèce.

Le diamètre total de l'épi, qui est cylindrique, mesure 2 cent., celui de l'axe est de 5mm.

La longueur des sporanges qui sont comprimés sur leurs faces latérales et arrondis sur les autres côtés, est de 4 à 5mm.

La distance des verticilles stériles est de 4mm5. Un verticille stérile se compose de vingt-huit bractées qui s'éloignent de l'axe en se recourbant légèrement, puis qui se relèvent verticalement après s'être renflées à la partie coudée et avoir envoyé un court prolongement dans l'entre-nœud inférieur.

Le nombre des sporangiophores est de quatorze et partent de l'aisselle des bractées stériles de deux en deux. Ils se dirigent obliquement en s'éloignant de l'axe ; leur extrémité ne m'a offert aucun renflement discoïde, soit que ce renflement charnu ait servi au développement des sporanges, soit qu'il ait disparu par la silicification.

Quoi qu'il en soit, les sporanges sont disposés par quatre autour du sporangiophore : deux au dessus, deux au dessous.

Les spores sont plus grosses que dans l'échantillon précédent.

Les épis fructifiés dont les empreintes pourraient se rapporter aux deux échantillons silicifiés que je viens de décrire, sont assez peu nombreux.

Le type en serait offert peut-être par le *volkmannia gracilis* (Sternberg) qu'on ne peut ranger, à cause du nombre et de la forme des bractées, à côté du *calamostachis typica* de M. Schimper, espèce décrite par Ludwig (loc. cit.) dont les bractées sont bien plus larges, foliacées et moins nombreuses.

Une empreinte, trouvée par M. Grand'Eury et regardée par lui comme un épi d'*asterophyllites equisetiformis*, se rapproche plus qu'aucune autre de la deuxième espèce de *volkmannia* que j'ai décrite par son diamètre, la forme et le nombre de ses bractées et par la disposition générale des sporanges. Il me paraît donc probable que le premier épi silicifié est voisin du *volkman-*

nia gracilis (Sternberg), et que le deuxième est la fructification de *l'asterophyllites equisetiformis.*

EXPLICATION DES PLANCHES

RELATIVES AU VOLKMANNIA GRACILIS ET A L'ÉPI FRUCTIFIÉ
DE L'ASTEROPHYLLITES EQUISETIFORMIS

PLANCHE V

FIGURE 1. — Portion supérieure d'un épi coupé un peu obliquement et vue par transparence dans un fragment de silice poli
(gros. 10 d.).

a. Axe de l'épi.

b. Verticille de bractées stériles ; quelquefois les bractées sont
fendues et brisées comme on le voit en *b'* ; dans la partie recour-
bée elles se renflent plus ou moins et forment une expansion
saillante *c.*

e. Sporangiophores naissant à l'aisselle des bractées ; leur
extrémité est rompue, et les sporanges qui y étaient fixés sont
tombés.

f. Dernier verticille stérile dont les bractées presque rectilignes
forment, en se réunissant par leur extrémité, un cône peu élevé
qui recouvre le sommet de l'épi.

FIG. 2. — Coupe transversale du même échantillon passant
par un verticille de bractées stériles; celles-ci au nombre de
vingt ne se soudent pas entre elles par leurs bords, mais restent
libres dans toute leur étendue.

a. Partie fibro-vasculaire de l'axe, les fibres sont en grande
partie rayées.

n. Partie plus intérieure formée de cellules allongées au
milieu desquelles sont creusées des lacunes *l* au nombre de dix.

m. Moelle centrale.

g g Sont les parties postérieures des bractées stériles qui se sont séparées par rupture du corps de la bractée *b b.*

g' g" Représentent les sections transversales de deux verticilles plus inférieurs que *b b*, et qui ont été rencontrés par la coupe transversale.

Fig. 3. — Coupe transversale (gross. 10 d.) passant par un verticille de sporangiophores.

p. Sporangiophores au nombre de dix.

s. Sporanges fixés par quatre à chaque sporangiophore.

l l. Cercle de lacunes entourant la moelle.

b b. Verticille de bractées à l'aisselle desquelles s'insèrent de deux en deux les sporangiophores *p p.*

g g. Sont les parties postérieures séparées par déchirement du corps des bractées du verticille *b b.*

g' g', g" g". Coupe transversale de deux verticilles inférieurs alternant entre eux et avec le verticille *b b.*

Fig. 4. — Coupe longitudinale (gros. 10 d.) rencontrant quatre verticilles de bractées et les sporangiophores qui partent de leur aisselle ; la section est un peu oblique par rapport à l'axe de l'épi. Les sporangiophores en effet ne sont pas placés en lignes verticales les uns au dessus des autres. Nous venons de voir que les bractées alternent entre elles, de plus que les sporangiophores partent de l'aisselle de ces bractées de deux en deux ; par conséquent les bractées ne doivent se correspondre sur une même ligne verticale que de deux en deux, et les sporangiophores que de quatre en quatre verticilles.

a. Partie ligneuse de l'axe de l'épi.

b. Bractée, *b'*; partie extérieure de la bractée qui a été rompue et disjointe.

p Sporangiophore partant de son aisselle.

d. Disque charnu par lequel se termine l'extrémité du sporangiophore.

s. Sporanges de forme ovoïde adhérents par l'une de leurs extrémités au disque charnu dans lequel ils sont en partie plongés.

Fig. 5. — (Gros. 20 d.) Une bractée et un sporangiophore naissant à son aisselle.

s s. Deux sporanges.

d. Disque charnu servant à la nutrition et au développement des sporanges ; *b b' c,* comme précédemment.

Fig. 6. — Coupe transversale (35 diam.) de l'axe; elle est faite à la hauteur des sporangiophores.

a. Partie ligneuse.

l. Lacunes occupées par des trachées.

p. Sporangiophores; *s,* sporanges.

Fig. 7. — Coupe tangentielle passant par deux verticilles (gros. 35 diam.).

b b. Verticilles de bractées stériles.

b'. Partie inférieure de la bractée où se trouvent les trachées.

p. Section transversale des sporangiophores.

s. Enveloppe des sporanges formée d'une seule assise de cellules.

s'. Spores très petites qui y sont contenues.

L'un des sporanges est coupé dans l'épaisseur du disque charnu qui le termine ; on voit en *t* le faisceau de trachées qui a parcouru le sporangiophore s'étaler et se diviser en quatre branches, dont chacune se porte sous la base d'un sporange.

Les bractées stériles *b b* sont planes à leur partie supérieure, mais leurs bords contigus ne sont jamais soudés sous forme de plancher comme dans certains *bruckmannia.*

FIGURES DE L'ASTEROPHYLLITES EQUISETIFORMIS
RELATIVES AU VOLKMANNIA

PLANCHE IV

Fig. 14. — Fragment d'épi de l'*asterophyllites equisetiformis* (grandeur naturelle). A sa surface on reconnaît la forme des bractées stériles qui sont longues, étroites, lancéolées et terminées en pointe aiguë.

Fig. 15. — Coupe transversale du même épi passant par un verticille de sporangiophores; on en compte quatorze *e e* chacun portant quatre sporanges ; la figure ne montre que vingt-huit de ces sporanges *s.* Plus à l'extérieur, la coupe rencontre deux cercles concentriques *f f'* de bractées alternantes ; on n'a figuré qu'une portion des bractées qui les forment ; elles sont au nombre de vingt-huit.

Fɪɢ. 16. — Coupe longitudinale du même épi (grandeur naturelle).

Les pédicelles *c* des sporangiophores partent de l'aisselle des bractées de la même manière que dans le *volkmannia gracilis*.

Fɪɢ. 17. — Coupe transvorsale (gros. 4 diam.). Les sporangiophores sont terminés en pointe, la partie charnue du disque terminal a disparu ; ce résultat est dû, soit au développement même des sporanges, soit plutôt au mode de pétrification.

Fɪɢ. 18. — Coupe tangentielle montrant le pédicelle *p* et les quatre sporanges qui y sont fixés.

TROISIÈME TYPE DE FRUCTIFICATION ÉQUISÉTIFORME

EQUISETITES INFUNDIBULIFORMIS?

Ce fragment isolé d'épi silicifié, provenant des environs d'Autun, a les extrémités des bractées peu distinctes ; elles m'ont paru représentées par des dents courtes, relevées et appliquées contre un prolongement lamelliforme du verticille supérieur.

Le diamètre extérieur de cet épi mesure 25 à 26 millimètres ; c'est le plus considérable que j'ai rencontré.

Son axe a 5 millimètres environ de diamètre et paraît cannelé sur une coupe transversale. Ces cannelures correspondent aux intervalles de dix faisceaux qui forment le cylindre ligneux ; chaque faisceau présente deux ou trois lacunes.

L'axe présente assez bien, sur une coupe transversale, sauf que la division des faisceaux est plus marquée, la figure publiée par M. Williamson dans sa description d'*Une nouvelle forme de calamite* (loc. cit. 1869-70).

Les verticilles stériles, composés probablement de
20 bractées soudées entre elles, sont distants les uns
des autres de 4^{mm}5; leur section transversale forme une
lame continue dans laquelle il m'a été impossible de
reconnaître les différentes bractées qui la composaient,
à cause de la mauvaise conservation de l'échantillon.

Le disque plan qui en résulte se relève sur les bords
et se termine par de petites dents probablement en
même nombre que les bractées, et appliquées contre
un prolongement lamelliforme du verticille supérieur.
En effet, si l'on fait une coupe tangentielle près des
bords, entre les deux lames résultant de la soudure des
bractées, on remarque une bande continue formée de
grandes cellules dirigées perpendiculairement au plan
de la bande, tissu élastique peut-être. Cette lame se
relève sur les bords extérieurs et m'a paru réunie par
du tissu cellulaire au verticille de bractées situé au
dessus d'elle ; elle formerait donc une bande continue
circulaire, dont le bord supérieur serait soudé au verticille et l'inférieur s'avancerait plus ou moins dans
l'entre-nœud ; son rôle serait purement protecteur, rôle
nécessité par le peu de développement extérieur des
bractées.

Les sporanges m'ont paru volumineux, disposés en
un seul rang sur le plan formé par le verticille des
bractées ; leur enveloppe, composée d'une seule couche
de cellules, renferme des spores dont la grosseur dépasse
beaucoup celle des spores rencontrées dans les épis
précédents, et peuvent être considérées comme des
macrospores.

Par les dimensions et la forme générale des bractées,
cet épi incomplet paraît se rapprocher de ceux des

macrostachya, connus sous le nom d'*equisetites infun-dibuliformis.*

Ces derniers épis sont, en effet, cylindriques, à entre-nœuds rapprochés ; les bractées, relevées et imbriquées, sont courtes, lancéolées, et les bords latéraux de la partie aiguë sont légèrement concaves ; soudées dans leur partie horizontale, ces bractées forment un plan-cher continu, et il n'est pas rare de voir, sur des épis brisés transversalement, le *disque continu* qui en résulte.

DESCRIPTION DES FIGURES

DE L'EQUISETITES INFUNDIBULIFORMIS

PLANCHE IV

Figure 19. — Coupe transversale d'un épi montrant le plan-cher continu formé par la soudure des bractées *b b* qui se pré-sentent dans cet échantillon sous la forme de lames foliacées ; l'épi est vu en dessous et en grandeur naturelle.

a. Axe ligneux formé de dix faisceaux disposés en cercles ; sur la coupe de chacun de ces faisceaux on distingue deux ou trois lacunes.

Fig. 20. — Coupe longitudinale du même, grossie deux fois.

a. Axe ligneux sur la surface duquel on voit, *b' b'*, les traces d'insertion des bractées.

b b. Bractées en forme de lames planes rencontrées par la coupe.

s s. Sporanges renfermant des macrospores *m m*, en se repor-tant à la fig. 11 de la planche xiii, on peut comparer leur grosseur avec celles des spores de *volkmannia gracilis,* fig. 10, et de *bruckmannia,* fig. 7, planche iii.

c c. Lames formées de cellules à sections rectangulaires, dont le grand axe est dirigé perpendiculairement au plan de la lame; l'un des bords de ces lames est flottant dans l'intervalle qui sépare deux verticilles; le bord externe paraît être uni par du tissu cellulaire avec le verticille de bractées supérieur, et n'en serait par conséquent qu'une dépendance.

Fɪɢ. 21. — Coupe tangentielle faite parallèlement à l'axe et près des bords de l'épi.

En *b b*, on voit les planchers continus formés par les verticilles de bractées soudées entre elles ; les sporanges reposent directement sur ces planchers et paraissent disposés sur un seul rang ; je n'ai pu reconnaître aucune trace de sporangiophore.

c c. Bandes résultant de la soudure des lames que j'ai signalées précédemment et qui pourraient être considérées comme les organes protecteurs disposés circulairement au dessous des verticilles de bractées.

Fɪɢ. 22. — Un des faisceaux ligneux qui forment l'axe de l'épi grossi vingt fois et montrant les lacunes *l t* de la périphérie.

Fɪɢ. 23. — Coupe longitudinale tangentielle faite près de la surface de l'épi (gros. 35 diam.).

b. Portion du plancher cellulaire résultant de la soudure des bractées.

s'. Macrospores déformées.

CLASSE DES FILICINÉES

FAMILLE DES BOTRYOPDÉRIDÉES

GENRE ZYGOPTERIS

Sous le nom de *tubicaulis primarius* [1], Cotta a donné une description sommaire de pétioles que Corda, plus tard, a désigné sous le nom générique de *zygopteris*.

Les caractères attribués par Cotta à son *tubicaulis primarius* sont :

« In majoribus horizontaliter perscissis fasciculis utres ad formam I sive H.

» Majores et minores tubulorum formam imitantes fasciculi caulem formant, et ita quidem ut majores digitum crassi infra in medium convergant. Ceterum massa porosa expleti sunt, et intus compressum utrem continent qui horizontaliter perscissis figuram quemdam ut I sive H ostendit.

» Ex adverso illis duabus hujus figuræ parallelis lineis, in uno vel altero latere cuticula divisa esse solet ; quod si est, minorem exclusum fasciculum, in cujus perscissi media parte duo distincti pori conspici possunt, continet.

» Ceteri parvi fasciculi qui, inordinati collocati et in varia latera se extendentes, circumdant majores, multum incurvati sunt, eodemque modo unum vel duos majores intus habent poros. »

---

1. Cotta, *Dendrolithen,* p. 19.

Il ajoute ensuite que le microscope montre non-seulement les pétioles remplis d'une masse cellulaire, mais que l'écorce et les faisceaux intérieurs sont formés par des fibres très fines et très serrées. Jusqu'à lui, on n'avait trouvé qu'un seul exemplaire de cette espèce dans le grès rouge de Chemnitz.

Corda [1], dans son *Histoire de la flore fossile de l'ancien monde,* caractérise de cette façon le genre *zygopteris* :

« Truncus centralis..., rachides crassusculæ teretes, radiculis irregulariter inspersæ ; cortice crassa, extus gemma propria laterali ornata ; fasciculo centrali vasorum simplici, jugiformi ; radicibus minutis, rotundatis, fasciculo vasorum centrali. »

Il n'en cite qu'une seule espèce : *zygopteris primœva,* la même que celle de Cotta, et renvoie à la description et aux figures de ce dernier.

M. Brongniart, dans son *Tableau des genres de végétaux fossiles,* définit ainsi celui qui nous occupe.

Pétioles épais, cylindriques, entremêlés de racines ; écorce épaisse ; faisceau vasculaire ressemblant dans sa coupe transversale à un I à ligne horizontale supérieure et inférieure très large ; racines très nombreuses, inégales, cylindriques ou anguleuses, à faisceau central vasculaire très petit.

Une seule espèce :

Le *zygopteris primœva* de Corda, syn. *tubicaulis primarius,* Cotta, constitue ce genre, dont le faisceau vasculaire des pétioles a une forme tout à fait insolite.

A ma connaissance, il n'existe aucune autre description plus complète du genre *zygopteris ;* la tige n'en est

1. Beitrage, *Zur Flora der Vorwelt,* p. 81.

pas connue ; la structure anatomique des pétioles est loin d'être suffisamment décrite ; l'orientation du faisceau vasculaire, et par conséquent des frondes, par rapport à la tige, n'est pas indiquée, et ses rapports avec les fougères vivantes sont complétement ignorés.

Cela tient à la rareté des échantillons de ce genre qui, jusqu'à présent, n'a été rencontré que dans les environs de Chemnitz. Gœppert cite pourtant le calcaire carbonifère de Falkenberg (Silésie), comme renfermant le *Z. tubicaulis,* considéré comme une seconde espèce de ce genre, très vaguement indiquée.

Je ne connaissais ce genre que par les deux figures de Cotta. M. Brongniart a bien voulu me communiquer un fragment de l'échantillon de Chemnitz qui lui avait été donné par Robert Brown, fragment avec lequel j'ai pu comparer l'espèce de Cotta et celles que j'ai trouvées à Autun.

Dans la description que donne Cotta, ce savant dit que de chaque côté des lignes parallèles de l'H, tantôt vers l'une, tantôt vers l'autre, l'écorce se divise habituellement pour laisser passer un faisceau extérieur renfermant deux *pores,* sans dire son opinion sur leur nature.

Un examen attentif de l'échantillon de Chemnitz montre ces deux pores, suivant le pétiole que l'on examine, non-seulement dans l'épaisseur de l'écorce, mais encore plongé dans le tissu médullaire occupant l'espace compris entre le faisceau vasculaire central et l'écorce, tantôt à droite, tantôt à gauche de l'H, et plus ou moins éloigné de l'axe du pétiole.

J'ai retrouvé ces deux pores, ou mieux ces deux faisceaux vasculaires, dans plusieurs autres pétioles ; j'ai pu constater, en outre de leur nature vasculaire, qu'ils se détachaient des branches de l'h pour se porter à droite et à gauche dans les subdivisions de la fronde.

L'étude anatomique que je présente a pour objet non-seulement des fragments de pétiole plus ou moins bien conservés, généralement isolés, et non réunis en grand nombre comme dans l'échantillon de Cotta, mais une portion de tige, jeune vraisemblablement, portant quelques rares pétioles, par conséquent d'une espèce différente de la précédente.

Elle a été trouvée en même temps que différents échantillons silicifiés, tels que : *anachoropteris pulchra* (tige et pétioles), *selenopteris, gyropteris, protopteris, calopteris,* et plusieurs autres encore inédits. Le voisinage de toutes ces fougères sur une petite étendue de terrain prouve la variété de la flore locale, qui, en outre des plantes précédentes appartenant à la famille des fougères, renferme encore, comme nous l'avons vu, des formes d'équisetinées nombreuses, et comme nous le verrons, des *conifères,* des *cycadées* et même des *gnétacées.*

La description suivante de la tige du *zygopteris* a été faite d'après *un seul* échantillon, que j'ai eu la bonne fortune de rencontrer dans les champs qui existent au sud-est d'Autun, mais malheureusement en assez mauvais état et engagé dans un rognon siliceux qui ne laissait nullement soupçonner sa présence.

ÉTUDE ANATOMIQUE DE LA TIGE DU ZYGOPTERIS BRONGNIARTII (B. REN.)

PL. VI, VII, VIII, IX.

Tige. — La coupe transversale d'une portion de la tige montre à un faible grossissement quatre régions bien distinctes (fig. 1, pl. VI).

1° Une partie centrale *a'*, dont la structure n'est pas

complétement déterminée, mais certainement cellulaire.

Cette portion, plus développée à la partie inférieure de la tige, va en diminuant à mesure que l'on s'élève, et finit par disparaître ; aussi les coupes longitudinales faites vers le sommet n'ont montré que quelques brides cellulaires.

2° Une zone qui entoure cette partie centrale d'une manière continue et forme la plus grande partie de l'axe ligneux *a a.*

3° Une enveloppe cellulaire *b b b*, souvent mal conservée.

4° Enfin, en dehors de cette zone cellulaire, une couche épaisse *c c,* formée de cellules plus ou moins hexagonales plus larges, et traversée par des lacunes *d d* qui renferment quelquefois des traces d'organisation.

L'épiderme est peu distinct ou détruit.

A l'extérieur de la tige, en *e e,* on peut remarquer la coupe d'un pétiole qui a pris naissance sur la tige.

Des coupes longitudinales (fig. 2, 3, 4), montrent que le centre de la tige se compose de cellules allongées scalariformes n'offrant que quelques traces de tissu cellulaire proprement dit (fig. 3 *a'*), ces cellules appartiennent à la partie centrale *a'* (fig. 1) ou à ses prolongements qui, au nombre de six dans les *zygopteris,* s'enfoncent dans l'épaisseur de l'étui ligneux *a a* formé par des cellules allongées scalariformes, de sorte que l'axe ligneux semble formé de six faisceaux vasculaires verticaux, soudés par leur face interne, laissant entre eux le tissu cellulaire *a'* comme indice de leur fusion incomplète. A propos de l'organisation des pétioles, nous reviendrons sur cette question d'histologie.

Dans la tige d'*anachoropteris* décrite plus loin, cette particularité se présente également, mais le nombre des prolongements cellulaires intra-ligneux est de cinq au lieu de six, comme nous le verrons.

En dehors de l'axe ligneux formé de cellules allongées, rayées et réticulées, on rencontre une couche de cellules polyédriques irrégulières, à parois minces, le tissu délicat est souvent détruit ou disjoint, les cellules sont fréquemment remplies de silice colorée, ce qui lui donne une teinte plus foncée qu'au reste de l'échantillon ; il formait également une enveloppe continue autour de l'axe ligneux *b* (fig. 1 et 3), et autour des faisceaux vasculaires qui se rendaient aux feuilles ou aux racines.

Les figures 4 et 4 *bis,* planche vii, montrent bien la disposition de ce tissu utriculaire autour du tissu ligneux et autour des faisceaux des feuilles, dans une partie où les cellules n'avaient pas été remplies de silice colorée.

La couche cellulaire *c c* est formée de cellules plus grosses, polyédriques, plus hautes que larges, à section transversale hexagonale, et très souvent remplies de granulations qui, probablement, ont été des grains de fécule. Cette couche, épaisse relativement, s'étendait jusqu'à la surface et était traversée dans toute son épaisseur par des faisceaux vasculaires qui, partant de l'axe plus ou moins obliquement (fig. 4 *bis*), se rendaient aux pétioles ou aux racines, les cellules en se rapprochant de la surface s'allongeaient en diminuant de diamètre et prenaient sensiblement un aspect fibreux.

Les faisceaux vasculaires qui se dirigeaient de l'axe à la circonférence étaient de deux sortes. Les uns, peu volumineux, se portaient dans les racines adventives (*l*, fig. 7 *bis*, pl. IX) ou dans les feuilles avortées qui formaient les écailles entourant la tige. Les autres, plus importants (fig. 4 *bis*), se rendaient aux pétioles (fig. 5 *g* et fig. 7). Cette dernière figure permet de distinguer quelques vaisseaux scalariformes qui pénétraient dans les feuilles scarieuses.

Ces faisceaux vasculaires, qui se rendaient dans les pétioles, prenaient la forme de l'H caractéristique des *zygopteris*, à partir de l'axe vasculaire central.

En faisant des coupes à différentes hauteurs, j'ai pu suivre leur forme jusqu'à leur origine ; et c'est ainsi qu'ils se présentent toujours, sauf le cas fréquent ou le tissu n'est pas conservé.

Les fig. 1, 5 et 9 ne laissent aucun doute sur l'orientation du faisceau pétiolaire par rapport à la tige.

La figure 9, qui représente une coupe tangentielle parallèle à la surface de la tige, intéresse la base de plusieurs pétioles ou de plusieurs feuilles.

En *g*, se trouve la coupe d'un pétiole naissant, avec la forme caractéristique du faisceau central. A droite et à gauche de ce faisceau, on peut remarquer, en *d d*, des lacunes traversées par des faisceaux vasculaires qui se portaient dans les subdivisions latérales du rachis ; si ces faisceaux vasculaires conservaient leur position relative en sortant du rachis, il devait en résulter que les rameaux secondaires ne se trouvaient pas dans un seul plan, mais il est probable, bien plutôt, qu'ils émergeaient successivement à des hauteurs différentes, en rentrant sensiblement dans un même plan transversal à la tige.

Immédiatement au dessus, en *r*, se trouve une racine volumineuse accompagnant le pétiole.

On sait, en effet, que dans les fougères l'émission

d'un pétiole est presque toujours accompagnée de celle d'une ou de plusieurs racines qui s'échappent extérieurement, soit au dessus, soit au dessous de l'insertion du pétiole sur la tige.

En outre de ces deux coupes, g et h, on voit, en i' i', huit sections ayant une certaine disposition verticillée ou faiblement spiralée sur la tige. Cette disposition régulière me ferait supposer que ce sont des coupes de bases de feuilles avortées ou scarieuses, et non des racines adventives, dont l'émission est généralement moins régulière ; de plus, l'absence de pétioles dans le voisinage éloigne encore l'idée de racines. Cependant, l'absence du faisceau central, qui est détruit, laisse des doutes à cet égard.

Entre ces pétioles, racines et bases de feuilles écailleuses, se trouvent un grand nombre de poils scarieux cloisonnés, dont les figures 9 et 9' montrent quelques-uns.

A une petite distance de la tige, la forme extérieure du pétiole devait varier. En effet, la figure 9 nous offre, au point où le pétiole sort de la tige, une forme sensiblement rectangulaire, tandis que la figure 5 montre que le pétiole, déjà séparé de la tige depuis quelque temps, a une section presque triangulaire ; il est environné de poils scarieux en très grand nombre, et latéralement en i i se trouvent des sections de feuilles qui, d'après leur position et le mode de groupement, semblent plutôt appartenir au rachis g qu'à la tige même.

La mauvaise conservation du tissu intérieur m'a empêché de reconnaître si, de même que le pétiole de la figure 9, il était parcouru par des faisceaux latéraux se portant aux subdivisions de la fronde.

Si l'on admet que les sections i i, fig. 9, appartiennent à la base de feuilles scarieuses, on reconnaît que ces espèces d'écailles se trouvaient sur une spirale ou peut-être sur un double verticille, de façon que les feuilles de l'un des verticilles fussent alternantes avec les feuilles de l'autre.

Quant au nombre de feuilles qui se trouvaient sur chaque verticille, je n'ai pu le déterminer d'une manière certaine.

Cependant, en mesurant la distance angulaire moyenne de deux faisceaux voisins, en me servant pour cela des lacunes visibles sur la coupe transversale, fig. 1, je suis arrivé au nombre moyen 31°, qui exprimerait la distance angulaire de deux feuilles écailleuses, on aurait ainsi de 11 ou 12 feuilles pour un tour de spire, soit 23 ou 24 pour les deux tours de spire ou les deux verticilles. Par conséquent, ces feuilles seraient sur une spirale de 2/21, ou 2/23, ou peut-être sur un double verticille de 11 ou 12 feuilles.

Quant à la nature des frondes, leurs divisions et la disposition des organes reproducteurs, nous exposerons plus loin quelques considérations qui permettent d'entrevoir les fructifications et le feuillage que les *zygopteris* ont portés ; ces déductions sont tirées tout à la fois des empreintes trouvées dans les schistes houillers, et des restes conservés dans la silice.

Les écailles qui entouraient la tige peuvent au contraire être décrites immédiatement. Si l'on se reporte aux figures 5, 6, 7, 8 et 9, qui représentent quelques coupes faites à travers les feuilles écailleuses appliquées contre la tige, on pourra acquérir quelques notions sur leur nature.

De la figure 9, on peut déduire que leur base d'insertion sur la tige était peu étendue ;

De la figure 7, qu'elles étaient appliquées le long de

la tige, assez rapprochées pour former une enveloppe continue ;

Des figures 6 et 8, qu'elles étaient épaissies suivant la nervure médiane et traversées par un ou plusieurs faisceaux vasculaires.

Dans aucun cas, je n'ai constaté la forme caractéristique du faisceau pétiolaire des *zygopteris* ; il est vrai que l'état de leur conservation laisse à désirer dans la plupart. Cependant, pour quelques-unes, le doute n'est pas possible, fig. 8. Par conséquent, on ne peut pas supposer que ces feuilles écailleuses fussent formées par les bases étalées des pétioles, comme cela arrive dans certaines fougères, car elles auraient conservé la forme du faisceau vasculaire caractéristique. Tout ce que l'on peut admettre, c'est que dans certaines espèces de *zygopteris*, parmi les nombreux pétioles qui partaient de l'axe, un grand nombre avortaient et formaient les écailles qui enveloppaient la tige, quelques-uns seulement se développaient et portaient des frondes. C'est précisément le cas de l'espèce que je viens de décrire.

D'autres fois, les pétioles plus vigoureux se développaient pour la plupart et formaient alors autour de la tige une enveloppe serrée, entremêlée d'écailles et de racines. Le *tubicaulis primarius* de Cotta en est un exemple.

Zygopteris primæva (Corda) *Tubicaulis primarius* (Cotta).

Pétioles. — Les pétioles qui ont été décrits par Cotta et qui ont été désignés par Corda sous le nom spécifique de *zygopteris primæva* se présentent sous la forme de rameaux cylindriques de la grosseur du doigt, disposés en grand nombre les uns à côté des autres. Entre eux se trouvent une quantité considérable de racines, plus ou moins aplaties par leur pression mutuelle, ce qui prouve que l'échantillon provient de la partie inférieure de la tige; chacune de ces racines est munie d'un faisceau vasculaire à section transversale linéaire, quelquefois de deux.

Dans l'échantillon de Cotta, le tissu cortical des pétioles est assez bien conservé et il est souvent traversé par deux faisceaux vasculaires que l'auteur appelle des pores ; c'est probablement à la meilleure conservation de cette partie que l'on doit la possibilité de les y rencontrer le plus souvent.

Le tissu cellulaire interne est généralement détruit.

Le faisceau vasculaire central a la forme d'un H, dont les deux branches latérales au lieu d'être droites sont le plus souvent concaves ; la concavité étant extérieure, c'est dans cette partie extérieure concave que l'on rencontre des petits faisceaux vasculaires qui y prennent naissance par paire et se dirigent ensuite vers l'écorce.

ÉTUDE ANATOMIQUE DE QUELQUES PÉTIOLES DE ZYGOPTERIS
PL. X, XI, XII.

Zygopteris elliptica. (B. Ren.)

Aucun des pétioles que je vais décrire n'offre le caractère signalé par Cotta, d'avoir une écorce laissant passer dans son épaisseur un faisceau plus petit muni de deux pores, parce que les coupes que j'ai étudiées n'ont pas été faites par le point où les faisceaux qui se rendent aux divisions de la fronde, traversent l'écorce.

La figure 10, pl. x, représente la section transversale d'un jeune pétiole, avec la forme caractéristique en H des pétioles de *zygopteris*; à la partie supérieure du faisceau, les deux branches verticales ont été rompues, probablement par un effet de la macération. La partie cellulaire qui entourait ce faisceau est détruite presque complétement et ne se retrouve guère que sur les bords.

A droite et à gauche des deux branches verticales il n'y a pas de faisceaux vasculaires qui se soient détachés pour se rendre dans les subdivisions de la feuille, ce qui est le résultat de la position sur le pétiole où la coupe a été faite.

La fig. 11 montre la composition des différentes parties coupées longitudinalement, suivant la ligne $x\,y$ de la figure 10. Les vaisseaux qui forment les branches montantes du faisceau sont aréolés a' fusiformes; vers l'axe et du côté extérieur, c'est-à-dire du côté de la périphérie, ils sont recouverts d'une bande de vaisseaux scalariformes. Quand il reste quelque trace de tissu cellulaire, il se montre sous la forme de cellules prismatiques b, à parois assez épaisses et pleines de granulations qui indiquent la présence de grains d'amidon.

L'écorce est formée !de fibres serrées ayant mieux résisté à la décomposition que les cellules de la partie centrale, et en e on distingue un rang ou deux de cellules épidermiques, mais le plus souvent détruites. La section elliptique de ce pétiole est différente de celle des autres pétioles que je vais décrire; elle se rapproche de celle que présente les pétioles d'*anachoropteris*, avec lesquels on pourrait le confondre ; ce pétiole a des dimensions très petites ; c'est donc ou un rachis très jeune ou son extrémité.

Zygopteris Lacattii. (B. Ren.)

L'échantillon qui a servi à cette étude était parfaitement conservé ; il a été trouvé par M. Lacatte, qui en possède les préparations.

Pétiole circulaire, écorce épaisse.

La fig. 12 présente une coupe transversale de ce pétiole.

Le faisceau vasculaire central est composé d'une large bande transversale épaisse et formée de larges vaisseaux poreux ; les pores sont elliptiques et disposés en lignes régulières obliques, par rapport à la longueur du vaisseau.

Les bandes verticales placées sous forme d'arc, à ses deux extrémités, sont également formées de vaisseaux poreux dans la région concave de l'axe, mais à l'extérieur, dans deux régions surtout de la partie convexe, placées au dessus et au dessous de la bande transversale, on rencontre des vaisseaux scalariformes et des trachées.

Le faisceau est entouré en entier par une couche de cellules très fines et très délicates, b b.

A droite de la figure, on voit deux faisceaux vasculaires, f f, indépendants qui viennent de se détacher des parties convexes de la branche verticale de droite, où se trouvent les vaisseaux scalariformes et les trachées, et comme le tissu qui les entoure est continu, sans rupture et de même nature que celui qui entoure le faisceau central tout entier, ce sont bien deux faisceaux séparés qui se rendront, après avoir parcouru une certaine longueur du pétiole, dans les subdivisions de la fronde.

Comme tout est symétrique dans ce pétiole, il est évident qu'alternativement, à droite et à gauche, il se détachait des deux arcs convexes latéraux deux faisceaux vasculaires qui se rendaient dans les divisions du rachis.

En examinant avec attention des plaques minces préparées avec les échantillons mêmes de Cotta, j'ai pu constater qu'à droite et à gauche du faisceau central il y avait également, non-seulement dans la partie corticale, mais encore dans le tissu cellulaire, plusieurs paires de faisceaux vasculaires placées à des distances variables du centre du rachis, ce qui tenait à la différence des hauteurs auxquelles elles s'étaient détachées des deux arcs latéraux.

Extérieurement au faisceau central et en dehors de la gaîne protectrice qui l'entoure, on trouve un tissu cellulaire abondant, c, à mailles hexagonales, et occupant l'espace qui le sépare de l'écorce ; ce tissu est traversé par des cellules plus grosses et allongées, d d, remplies autrefois de substance gommeuse, comme cela se voit souvent encore dans les fougères actuelles (angiopteris, par exemple), et comme cela était presque constant dans les végétaux les plus divers de l'époque houillère (tels que : calamodendrons, cordaïtes, sigillaires, etc.) Ces cellules ont des parois propres. Une écorce e, très dense, composée de cellules allongées, plus ou moins fusiformes, limite la partie cellulaire dont je viens de parler.

La figure 13 représente une coupe longitudinale passant par la ligne xy de la figure 12 ; elle montre la forme des différentes parties indiquées plus haut, et les figures 14, 15 et 16, les détails grossis de quelques-unes de ces parties.

Ainsi, la figure 14 représente une portion du faisceau latéral f, fig. 12 ; on distingue un gros vaisseau poreux extérieur, en partie entamé par la coupe f, plus intérieurement des vaisseaux scalariformes f', beaucoup plus petits et des trachées déroulables f''. La présence des trachées dans les pétioles de fougères, niée pendant longtemps, a été démontrée d'une manière incontestable dans les pétioles de fougères vivantes par

M. P. Bert [1]. Je les ai rencontrées à l'état fossile dans les plantes les plus variées, la croissance rapide de ces plantes explique la facilité avec laquelle on les retrouve, pour peu que les échantillons soient bien conservés par la pétrification.

Les vaisseaux scalariformes font complétement défaut dans la partie transversale du faisceau *a* (fig. 12), uniquement formé de vaisseaux poreux de différentes grosseurs.

La figure 15, *d,* donne le détail des cellules allongées à parois propres et qui sont remplies de silice plus colorée que celle qui se trouve dans les autres cellules voisines, très vraisemblablement à cause de la nature plus riche en carbone de la matière qui les occupait primitivement.

Enfin, fig. 16, on voit en *e e,* également grossie, la portion interne de l'écorce où les cellules n'ont pas encore pris l'aspect fusiforme des cellules libériennes de la partie plus externe.

Zygopteris Bibractensis (B. Ren.) Pl. xii.

Ce pétiole offre dans sa section transversale, qui est un peu plus petite que celle du *zygopteris Lacattii,* une particularité intéressante.

Les bandes latérales de l'н du faisceau central, au lieu d'être simples et formées d'une seule ligne de vaisseaux, paraissent divisées en deux lames, *a, c,* formées de vaisseaux de grosseurs très différentes et séparées par du tissu cellulaire assez mal conservé ; ces deux bandes se rejoignent par leur extrémité *k k.*

1. Voir Bull. Soc. philomat. 1850, p. 267.

La bande extérieure c est formée de vaisseaux plus petits que ceux qui composent la bande a. J'ai retrouvé cette disposition des bandes latérales encore plus marquée dans d'autres échantillons.

Quelquefois, aux extrémités de ces bandes, les deux lames ne se soudent pas; d'autres fois, la bande intérieure se détachant en forme de ruban de la portion transversale du faisceau, forme d'abord, en se repliant en haut, la moitié supérieure de la bande intérieure, puis elle constitue en redescendant la bande extérieure, et enfin, en se repliant une troisième fois, elle forme en remontant la deuxième moitié de la bande intérieure ; son extrémité reste libre et ne se soude pas avec l'extrémité de la bande transversale du faisceau. Mais cette dernière particularité ne provient que d'une rupture accidentelle.

La coupe longitudinale (fig. 18) passant suivant la ligne xy de la figure 17, montre que la bande transversale du faisceau a est formée, de même que les bandes qui se trouvent à son extrémité, par des vaisseaux scalariformes ; a' et c sont des vaisseaux de la double lame qui forme la bande verticale de droite (fig. 17), et b le tissu cellulaire assez mal conservé qui les sépare.

Ce qui distingue cette espèce des précédentes c'est la nature scalariforme des vaisseaux qui constituent la bande transversale et la double lame vasculaire qui forme les bandes latérales, mais il est facile de se rendre compte de cette dernière disposition. En effet, les faisceaux vasculaires qui partent latéralement à droite et à gauche des deux arcs convexes au lieu de se présenter sous une forme elliptique et séparés comme dans le *zygopteris Lacattii*, affectent la disposition de lames parallèles aux arcs générateurs, et ne sont pas encore divisés en deux bandes distinctes.

Les différences de structure anatomique qui existent entre les trois pétioles que je viens de décrire sont suffisantes pour exiger la formation de trois espèces, en outre aucun d'eux ne paraît pouvoir être rapporté à la tige que j'ai décrite.

Ces remarques, si elles sont exactes et si j'ajoute que de nouveaux échantillons, différents de ceux que je viens de décrire, ont été trouvés dans les gisements d'Autun et par conséquent annoncent d'autres espèces, on doit admettre que le genre *zygopteris*, à l'époque houillère, a été composé d'espèces assez nombreuses et était plus important que ne le faisait supposer la rareté des échantillons trouvés à Chemnitz.

En tenant compte du nombre des lames de tissu cellulaire que j'ai signalées dans l'intérieur de la tige des *zygopteris* et qui s'avançaient plus ou moins distinctement au milieu du tissu vasculaire, j'ai admis que ce dernier devait être formé de six faisceaux principaux soudés par leur face interne ; mais la structure du faisceau pétiolaire ainsi que la subdivision en deux branches en forme Y des extrémités des six lames cellulaires, division dont on voit des indices dans la fig. 1, planche VI, font supposer que ces faisceaux sont en plus grand nombre.

Six autres faisceaux vasculaires plus petits que les premiers seraient placés chacun entre les branches de l'Y formé par chacune des six lames cellulaires.

Le faisceau vasculaire d'un pétiole de *zygopteris* aurait l'origine suivante :

Les deux bandes latérales auraient chacune pour origine l'une des deux branches de l'Y, l'une recevrait des éléments vasculaires simultanément de l'une des extrémités du petit faisceau et de celle de l'un des faisceaux principaux adjacent, l'autre, de la deuxième extrémité du petit faisceau et en même temps du faisceau principal voisin.

Ces deux lames ainsi formées et à double faisceau trachéen se souderaient au moyen de quelques vaisseaux sans trachées pris au petit faisceau et se rendraient ensuite à l'extérieur de la tige.

Dans le cas où le faisceau vasculaire ne se rendrait pas à un pétiole, mais à une feuille écailleuse, sa composition serait plus simple, deux faisceaux ligneux suffiraient à sa formation; chaque branche de l'γ dans les *zygopteris* émettant un faisceau, il pourrait y en avoir douze par verticille, ce qui explique l'angle de 31° environ que j'ai trouvé entre les traces laissées par le passage des faisceaux vasculaires (fig. 1 *d*, pl. vi) et qui se rapporteraient à des feuilles avortées et non à des pétioles rares, comme nous l'avons vu dans cette espèce.

FRUCTIFICATIONS PROBABLES DES ZYGOPTERIS

Dans les magmas siliceux de Saint-Étienne ainsi que dans ceux d'Autun, on rencontre quelquefois des agglomérations d'organes capsulaires allongés, légèrement arqués, presque réniformes, de 2mm5 à 3mm de longueur, et de 1mm à 1mm3 de diamètre, fixés par leur extrémité à de petits pédicelles très courts, réunis eux-mêmes au nombre de 3 à 8 en petits bouquets sur un support commun également très court.

Détachés de leur support primitif, ces bouquets forment des amas assez considérables; une coupe passant par l'une de ces agglomérations rencontre les capsules dans toutes les directions possibles ; son examen m'a fourni les détails suivants :

La coupe transversale de l'une de ces capsules est de forme circulaire.

Les parois sont formées d'un seul rang de cellules à section presque rectangulaire ; aux deux extrémités d'un même diamètre on remarque deux renflements formés par des cellules à parois plus épaisses, de dimensions plus considérables, dont le grand axe est perpendiculaire à la surface de la capsule ; ces renflements existent depuis la base amincie jusqu'au sommet, et proviennent d'un anneau élastique qui fait sensiblement le tour de la capsule. A l'intérieur on remarque une membrane détachée de la paroi formant une sorte de sac rempli de nombreux corpuscules ou *spores* ; ce sac constitue un véritable sporange.

Les spores sont formées d'une première enveloppe transparente, régulièrement sphérique, dans laquelle on aperçoit une deuxième enveloppe à surface plissée et d'une teinte plus foncée.

J'ai dit plus haut que la capsule était légèrement arquée :

Une section passant dans le plan de la courbure montre que les parois se composent d'un seul rang de cellules plus longues que larges et qui se rétrécissent de plus en plus à mesure que l'on approche de la base du sporange où elles deviennent presque fibreuses.

Si la section passe par le plan médian du sporange, elle ne rencontre l'anneau élastique ni dans la partie convexe, ni dans la partie concave ; mais si la section est faite perpendiculairement à cette première direction, elle rencontre les cellules de l'anneau dans toute son étendue. On doit donc conclure que les deux bandes élastiques, qui s'élèvent de la base pour atteindre le sommet, occupent les deux côtés du sporange placés entre les courbures.

Cette disposition de l'anneau élastique diffère de celle que je décrirai plus loin à propos des *botryopteris;* dans ce genre la bande élastique est unique en effet et s'élève obliquement de la base au sommet. Nous verrons également que la longueur des pédicelles, la grosseur des spores présentent des différences sensibles.

Malgré les nombreuses coupes que j'ai faites passant au milieu de ces fructifications, je n'ai trouvé aucun pétiole qui ait pu les porter.

Je n'ai rencontré d'autre forme de support que celle dont une coupe est représentée (pl. XIII, fig. 4 *bis*). Sa partie vasculaire est à peu près cylindrique, et il m'aurait été impossible de reconnaître à ce seul caractère son origine.

Cependant dans le même fragment siliceux, et dans le voisinage des fructifications, se sont trouvés des pétioles de *zygopteris* avec leur faisceau central caractéristique. On sait que de chaque côté de l'H qui figure la section du faisceau vasculaire de ces pétioles partent alternativement, à droite et à gauche, deux faisceaux vasculaires à section circulaire ou elliptique fort différents de la forme de l'H du rachis. De plus dans les pétioles du *zygopteris Lacattii*, j'ai signalé la présence de tubes à gomme formés par des cellules superposées. Ces tubes se retrouvent dans les petits pétioles à faisceau central cylindrique qui parcourent les fructifications décrites plus haut, et forment un cercle autour du faisceau vasculaire central.

Je rapporte donc avec quelque probabilité les fructifications réniformes précédentes aux *zygopteris* qui appartiendraient à une famille éteinte, renfermant différents autres genres décrits ou à décrire, dont nous discuterons la place botanique un peu plus loin.

Dans son travail sur la *Flore carbonifère du département de la Loire,* M. Grand'Eury figure plusieurs espèces de *schizopteris : schiz. cycadina, schiz. pinnata,* dont les pinnules d'une forme particulière, charnues, profondément incisées et laciniées, offrent comme disposition la plus parfaite analogie avec des groupes de fructifications également pinnés désignés par le même savant sous le nom d'*androstachys.* Les fig. 12 et 14, pl. XIII, montrent en effet la plus grande ressemblance entre la fronde stérile et la fronde fructifiée.

Si maintenant on examine chaque groupe de capsules de ces deux échantillons, leur mode d'attache, leur grandeur, leur forme arquée et la disposition même de l'anneau dont on distingue des traces sur l'empreinte, on reconnaît une telle analogie avec ce que j'ai décrit plus haut, qu'il est impossible de ne pas reconnaître l'identité spécifique des fructifications silicifiées avec les empreintes d'*androstachys* fossiles.

Nous arrivons à cette conclusion que certaines formes nouvelles de *schizopteris, schiz. pinnata, schiz. cycadina,* sont les frondes pinnées, quelquefois fructifiées *(androstachys)* des *zygopteris,* s'il n'y a pas d'erreur, dans l'attribution à ce genre, des fructifications que je viens de décrire.

Les *zygopteris* se trouveraient ainsi étudiés et connus dans toutes leurs parties, et leur histoire jetterait quelque lumière sur le groupe si anormal et jusqu'ici si obscur des *schizopteris.*

EXPLICATION DES PLANCHES

PLANCHES VI, VII, VIII, IX. — *ZYGOPTERIS BRONGNIARTII*. B. REN.

FIGURE 1. — Coupe transversale de la tige du *zygopteris Brongniartii*, Ren. (gross. 16 diam.)

a a. Axe ligneux central du *zygopteris* composé de cellules scalariformes.

a'. Portion cellulaire de l'axe qui partage le tissu vasculaire en six faisceaux principaux, les bandes rayonnantes du tissu cellulaire se divisent à leur extrémité périphérique en deux branches divergentes comme celles d'un Y, et entre ces branches se trouve un petit faisceau vasculaire, de sorte que l'axe ligneux des *zygopteris* serait formé au centre de six faisceaux vasculaires verticaux soudés par leur face interne, et en dehors de ceux-ci, de six autres faisceaux plus petits et plus ou moins engagés, entre les intervalles laissés par les extrémités un peu écartées des six faisceaux principaux du centre.

b b. Enveloppe cellulaire peu résistante, imprégnée de silice colorée et entourant l'axe ligneux.

b'. Déchirure dans cette enveloppe.

c c c. Tissu cellulaire formant la partie extérieure de la tige et rempli de grains de fécule.

d d. Faisceaux vasculaires se rendant de l'axe aux racines ou aux feuilles avortées qui entourent la tige.

l l. Cellules remplies de fécule.

e e. Pétiole provenant de la tige dont il s'est séparé, mais assez mal conservé.

FIG. 2. — Coupe parallèle à l'axe.

a a. Partie centrale formée presque uniquement de faisceaux scalariformes.

a'. Traces de tissu cellulaire de l'une des lames minces qui séparent les faisceaux vasculaires principaux de l'axe.

b b. Enveloppe qui entoure l'axe et dont les cellules, souvent séparées, sont colorées par de la silice plus foncée en couleur.

c c. Tissu cellulaire renfermant des grains de fécule?

f f. Traces des faisceaux qui se rendent aux racines ou aux feuilles.

h. Silice amorphe.

Fig. 3. — Coupe passant par l'axe du *zygopteris* et montrant l'origine d'un faisceau pétiolaire.

a. Axe vasculaire.

a'. Traces du tissu cellulaire qui sépare les faisceaux de la tige.

b b. Cellules colorées entourant l'axe et le pétiole.

b' b'. Déchirures existant dans cette enveloppe.

Fig. 4. — Coupe passant par l'axe du *zygopteris*, montrant une portion de l'axe *a*, l'enveloppe cellulaire colorée qui lui sert de gaine *b b*, et une portion du tissu cellulaire formant la partie extérieure de la tige *c*.

Fig. 4 bis. — Les lettres ont la même signification que dans la fig. 4.

d d. Faisceaux des racines ou des feuilles ; *l*, portion corticale formée de cellules qui se sont allongées et sont devenues fibreuses.

Fig. 5. — Coupe transversale intéressant une partie de la tige et un pétiole qui y a pris naissance (gross. 20 diam.).

c c. Tissu cellulaire extérieur de la tige du *zygopteris*.

d d. Traces laissées par les faisceaux qui traversent obliquement le tissu cellulaire et se rendent aux feuilles avortées ou aux racines.

g. Pétiole triangulaire dans sa section entouré de nombreuses écailles *h h* ou poils scarieux.

i i. Feuilles épaisses et charnues appartenant au pétiole et qui l'entourent à sa base.

h h. Poils scarieux qui entourent la tige et le pétiole.

L'orientation du pétiole *g*, par rapport à la tige *c c*, ne laisse prise à aucun doute et par conséquent force à rejeter les hypothèses antérieures faites à ce sujet.

Fig. 6. — Coupe transversale d'une portion de la tige.

a. Axe.

b. Enveloppe cellulaire brune.

d. Traces laissées par les faisceaux qui se rendent aux feuilles écailleuses.

h h. Poils scarieux se développant entre les écailles et la tige.

i i. Écailles entourant la tige.

Fig. 7. — Coupe longitudinale de la partie externe de la tige.

c. Tissu cellulaire extérieur plein de granules amylacés.

f f. Traces de faisceaux se rendant aux écailles.

i i. Coupe longitudinale dirigée perpendiculairement au limbe des feuilles écailleuses et passant par la nervure médiane.

En *o o*, on peut distinguer des traces de vaisseaux scalariformes.

h h. Racines adventives.

Fig. 7 *bis.* — *l.* Racine parcourant le tissu cellulaire *m* feuille écailleuse.

n. Poils scarieux.

Fig. 8. — Coupe transversale passant à différentes hauteurs des feuilles.

i i i. Feuilles coupées transversalement; les différentes coupes indiquent qu'elles étaient épaisses et charnues.

i'. Faisceau vasculaire médian.

i". Double faisceau vasculaire médian.

h. Radicelles ou plutôt poils scarieux se développant entre les feuilles et la tige.

d. Faisceau vasculaire se dirigeant dans les feuilles.

c c. Tissu cellulaire de la tige.

Fig. 9. — Coupe tangentielle extérieure à la tige.

g g. Coupe d'un pétiole naissant sur la tige.

d d. Faisceaux vasculaires se portant soit dans les ramifications de la fronde, soit plutôt dans quelques expansions écailleuses entourant la base des pétioles, comme on le voit en *i i* de la figure 5.

h. Racine volumineuse accompagnant le pétiole à son origine.

i. Feuilles ou écailles coupées longitudinalement.

i' i'. Section de la base des faisceaux qui pénètrent dans les écailles disposées en verticille ou en spirale autour de la tige.

h' h'. Poils scarieux nombreux prenant naissance entre les écailles, sur la tige et sur la base du pétiole.

PLANCHE X. — *ZYGOPTERIS ELLIPTICA.* B. REN.

FIG. 10. — Coupe transversale d'un pétiole de petite dimension (gros. 12 fois).

a. Faisceau central composé de vaisseaux aréolés à parois épaisses. Les deux bandes verticales sont rompues à la partie supérieure.

b. Portion mal conservée et n'offrant que quelques traces de tissu cellulaire.

c. Portion corticale où les cellules commencent à être plus visibles.

d. Fibres corticales.

La section elliptique de ce pétiole est caractéristique et contraste avec la forme ordinairement circulaire des autres espèces de *zygopteris*, au premier aspect on pourrait le confondre avec un pétiole d'*anachoropteris*.

e e. Portion extérieure épidermique mal conservée.

FIG. 11. — Coupe longitudinale du même pétiole faite suivant la ligne *xy* de la figure précédente.

a a. Vaisseaux aréolés et ponctués.

a'. Les mêmes plus fortement grossis.

b b. Traces de cellules à parois épaissies et renfermant des grains de fécule; *b'* les mêmes plus fortement grossies.

d. Fibres corticales; *e*, tissu cellulaire épidermique en grande partie détruit; *f*, silice amorphe.

PLANCHES X, XI, XII. — *ZYGOPTERIS LACATTII.* B. REN.

FIG. 12. — Coupe transversale (gros. 8 diam.).

a. Bande transversale formée de vaisseaux ponctués sans mélange de vaisseaux scalariformes ou de trachées, réunissant les deux bandes verticales; dans celles-ci on rencontre des vaisseaux ponctués sur la face qui regarde l'axe du pétiole et qui est soudée à la bande transversale sur la face extérieure, au contraire des vaisseaux scalariformes et des trachées réunis, en deux groupes de chaque côté, un peu au dessus et au dessous des points correspondant à la soudure des lames verticales et de la bande transversale.

b. Tissu délicat à cellules un peu allongées dans le sens de la longueur et qui forme un étui protecteur tout autour du faisceau vasculaire du pétiole.

c. Tissu formé de cellules polyédriques à section souvent hexagonale remplissant l'espace compris entre le faisceau central et l'écorce.

d. Réservoirs allongés munis de parois propres ayant contenu très probablement une substance gommeuse.

e. Fibres corticales.

f f. Deux faisceaux vasculaires également environnés d'une gaîne protectrice, qui se sont détachés à droite du faisceau central, des deux points où j'ai signalé plus haut l'agglomération des faisceaux scalariformes et des trachées, après avoir parcouru le pétiole longitudinalement pendant un certain temps ils entreront dans les ramifications de la fronde.

g. Silice amorphe fortement colorée, extérieure à l'échantillon.

Fɪɢ. 12 bis. — Section du pétiole, grandeur naturelle.

Fɪɢ. 13. — Coupe longitudinale faite suivant la ligne *xy* de la figure précédente et rencontre quatre fois les faisceaux vasculaires du pétiole.

a a. Vaisseaux ponctués de la partie transversale du faisceau.

b b. Tissu cellulaire délicat formant une gaîne protectrice autour des faisceaux vasculaires.

c'. Autre partie de la gaîne protectrice à éléments plus gros.

a a'. Faisceaux de vaisseaux ponctués faisant partie des deux arcs latéraux rencontrés par la coupe.

f. L'un des faisceaux foliaires détaché du faisceau principal formé vers l'extérieur de vaisseaux ponctués ou aréolés et vers l'intérieur de vaisseaux scalariformes et de trachées.

c c. Tissu cellulaire compris entre les faisceaux et l'écorce.

d d. Lacunes à parois propres renfermant autrefois une substance gommeuse.

e e. Fibres corticales.

Fɪɢ. 14. — Détails plus fortement grossis de l'un des faisceaux foliaires de la figure 13.

f. Vaisseau ponctué à ponctuations elliptiques et disposés sur des lignes parallèles un peu obliques par rapport à sa longueur. La coupe a entamé le bord du vaisseau.

f'. Vaisseau scalariforme et trachées placés du côté interne du faisceau foliaire.

f''. Gaîne protectrice entourant le faisceau.

Fig. 15. — Tissu cellulaire au milieu duquel sont placés les faisceaux vasculaires, et traversé par de longues cellules à parois propres remplies, du vivant de la plante, par une substance gommeuse, la disparition des cloisons transversales des cellules rend la cavité quelquefois continue et forme ainsi une espèce de tube.

Fig. 16. — Portion cellulaire voisine de l'écorce, là où les cellules commencent à s'allonger et à prendre un aspect fusiforme qui devient plus marqué vers la périphérie.

L'écorce des pétioles est épaisse, et c'est la partie qui a résisté le plus complétement à la macération ; on trouve quelquefois des pétioles de *zygopteris* qui n'ont conservé que cette partie sous la forme d'un tube cylindrique au milieu duquel flottent quelques vestiges du faisceau vasculaire central.

PLANCHE XII. — *ZYGOPTERIS BIBRACTENSIS.* B. REN.

Fig. 17. — Coupe transversale d'un pétiole (gros. 9 diam.).

a. Bande centrale formée de vaisseaux scalariformes, des deux branches latérales, l'une d'elles, celle de gauche, a été séparée de la bande transversale ; toutes les deux sont formées de deux parties distinctes, séparées par du tissu cellulaire *b*. La zone la plus externe est formée de vaisseaux scalariformes très petits et de trachées, elle se soude en *k k* avec la portion plus intérieure de la même bande.

Dans cette espèce les faisceaux vasculaires foliaires, analogues à ceux *f f* de l'espèce précédente, se présentent sous la forme de lames non encore séparées dans la portion du pétiole où la coupe a été faite, et tenant encore à la lame verticale du faisceau pétiolaire central.

d. Tissu utriculaire mal conservé.

g. Tissu cellulaire intérieur ; *e*, fibres corticales.

Fig. 18. — Coupe longitudinale faite suivant la ligne *xy* de la figure 17.

a. Faisceau central, bande transversale formée de vaisseaux scalariformes.

a'. Première bande verticale également formée de vaisseaux scalariformes.

c. Deuxième bande parallèle à la première formée de vaisseaux scalariformes plus petits et de trachées; cette lame va se diriger vers un pétiole.

b. Lame cellulaire mal conservée qui les sépare.

d. Silice amorphe.

e. Fibres corticales ; *f*, silice amorphe.

PLANCHE XIII. — FRUCTIFICATIONS DES *ZYGOPTERIS*.

FIG. 1. — Coupe un peu oblique de quatre capsules (gross. 10 diam.) dont les pédicelles sont fixés à un support commun *a*. Le nombre des capsules réunies en sorte de bouquet peut varier de deux à huit; ces bouquets ont toujours été rencontrés détachés du rachis qui les a portés et groupés au hasard en masse plus ou moins considérable dans les magmas siliceux.

b. Portion de la paroi d'une capsule formée d'une seule assise de cellules dont la section transversale est rectangulaire ; *c*, autre portion de la même paroi occupée par les cellules de la *bande élastique* ; ces dernières cellules se distinguent par leur coloration plus foncée et leurs dimensions plus considérables.

e. Enveloppe qui contient un grand nombre de spores *f* présentant une enveloppe extérieure, sphérique, lisse, dans laquelle le contenu s'est contracté irrégulièrement (voy. fig. 7) sous l'influence du liquide qui a produit la silicification.

FIG. 2. — Deux capsules plus grossies (20 diam.), la section est dirigée dans l'épaisseur de l'enveloppe de la capsule supérieure; en *f'* la paroi a même été enlevée en totalité et le contenu formé par des spores est devenu visible ; la section passe au contraire sensiblement par le plan longitudinal médian de la capsule inférieure.

La forme des capsules est arquée ; sur la capsule supérieure de la figure il est facile de distinguer la région occupée par la bande élastique *c c*, qui s'étend latéralement sur toute sa longueur.

La coupe rencontre au contraire la capsule inférieure dans

une région où il n'y a pas de trace d'anneau élastique ; les parties concaves et convexes en sont donc dépourvues.

Les autres lettres ont la même signification que précédemment.

FIG. 2 *bis*. — Une capsule a été coupée suivant la ligne *mn* de la figure 2, c'est-à-dire perpendiculairement au plan médian des courbures convexes et concaves.

Cette section, représentée fig. 2 *bis*, montre qu'elle passe sur tout son contour par la bande élastique qui fait ainsi le tour du sporange et envoie même des prolongements jusque sur le pédicelle en *e'*.

FIG. 3. — (Gros. 20 d.) Coupe transversale faite à travers un bouquet de capsules. Comme celles-ci sont rencontrées dans des points différents de leur longueur, le diamètre des sections n'est pas le même ; toutes sont pourtant munies de renflements *c c* qui correspondent à l'anneau élastique ; le plan de chaque anneau paraît être orienté de la même manière par rapport au centre du groupe formé par les capsules.

FIG. 4. — Section transversale de pétiole de *zygopteris* trouvé au milieu des capsules précédemment décrites (10 diam.).

g. Faisceau vasculaire central en forme H caractéristique des pétioles de *zygopteris*.

h h. Deux faisceaux vasculaires qui s'en échappent latéralement pour se porter dans les subdivisions du pétiole ; ces faisceaux secondaires, qui ne sont pas assez accusés dans la figure, n'ont pas la forme du faisceau principal, mais sont elliptiques ou circulaires.

i i. Canaux gommeux remplis d'une substance brune déjà signalée dans le *zygopteris Lacattii* ; *k*, poils existant à la surface du pétiole.

FIG. 4 *bis*. — (Même grossissement.) Section de l'un des pédicelles qui portent un groupe de capsules.

g. Section circulaire du faisceau vasculaire central.

i i. Canaux gommeux qui entourent ce faisceau vasculaire.

FIG. 5. — Sporange du *botryopteris dubius* (gros. 20) qui est décrit plus loin. Ce sporange est arqué comme les capsules de *zygopteris* représentées dans la figure 2, mais ses dimensions sont plus considérables, et les spores qu'il renferme sont plus petites que celles contenues dans ces mêmes capsules.

FIG. 6. — Sporange de *botryopteris forensis* (même gross.)

Les figures 2, 5 et 6 font ressortir la différence de grandeur de ces trois espèces de capsules qui diffèrent en outre par la disposition de la bande élastique et par la grosseur de leus spores.

Les figures 7, 8 et 9 (100 d.) qui représentent les spores contenues dans les capsules des *zygopteris* (fig. 8), des *botryopteris forensis* (fig. 9), et *dubius* (fig. 7), permettent d'en faire la comparaison avec facilité.

FIG. 10. — Spores du *volkmannia gracilis* décrit précédemment.

FIG. 11. — Spore de l'*equisetites infundibuliformis* décrit plus haut.

FIG. 12. — Empreinte (demi-grandeur naturelle) d'une fronde pinnée de *schizopteris pinnata* (Grand'Eury).

l. Rachis principal ; *m*, rachis secondaire sur lequel s'insèrent des feuilles charnues, déchiquetées, profondément laciniées, dont on voit un exemple dans la figure 13 deux fois plus grande que nature.

FIG. 14. — Empreinte (demi-grandeur naturelle) d'une fronde pinnée d'*androstachys* (Grand'Eury). Chacune des pinnules est remplacée dans cette fronde fructifiée par un bouquet de capsules *b b* dont on a représenté trois exemplaires dans la figure 15 grossie deux fois.

m. Rachis secondaire.

a. Pédicelle sur lequel sont fixées quatre ou cinq capsules *b b*.

FIG. 16. Une capsule d'*androstachys* (gros. 20 fois). En comparant cette figure avec la capsule supérieure de la figure 2 représentée avec le même grossissement, il est facile de voir que ces capsules se ressemblent par leur grandeur, leur forme arquée, leur bande élastique disposée de la même manière; *c'* bande élastique.

FIG. 17. — Une capsule d'*androstachys* vue par la partie convexe ; latéralement en *c*, on distingue les bandes élastiques longitudinales.

GENRE BOTRYOPTERIS (B. Ren.)

A la suite des *zygopteris* vient se placer naturellement le nouveau genre *botryopteris* qui s'en rapproche
par plusieurs points essentiels et que l'on connaît dans
plusieurs de ses parties, tiges, pétioles, fructifications.

Les fructifications ont d'abord été rencontrées dans
les rognons quartzeux de Grand-Croix (Saint-Étienne).
J'ai pu retrouver les pétioles qui les ont portées et leur
tige; de sorte que, à part la forme des feuilles qui reste
hypothétique, on a une connaissance assez complète
des différentes parties de cette plante.

Les débris qui ont servi à cette étude se composent
de fructifications et d'un fragment de tige trouvés,
comme je l'ai dit plus haut, dans les quartz de Grand-
Croix, et de plusieurs pétioles provenant de ce dernier
gisement et de celui d'Autun.

Ces différents organes, épars et séparés, ont été rapprochés à la suite de l'étude détaillée de leurs tissus
respectifs et, comme on le verra, il n'y a guère de doute
sur leur dépendance.

Les fructifications décrites plus loin n'étaient pas en
rapport direct avec la tige que je regarde comme les
ayant portées ; mais encore inclus dans cette tige, se
trouvaient deux faisceaux vasculaires dont la section
transversale présentait une forme particulière, celle
d'un ω et qui appartenaient évidemment à deux pétioles
prenant naissance sur la tige dont ils ne s'étaient pas
encore dégagés. Cette forme singulière de faisceau vasculaire se retrouve dans plusieurs fragments de pétioles

recueillis d'abord à Autun et plus tard à Saint-Étienne ; M. Grand'Eury a désigné ceux trouvés dans cette dernière localité sous le nom de *rachiopteris forensis*.

On sait que si l'on fait des coupes transversales à différentes hauteurs sur un pétiole de fougère, on peut constater dans les faisceaux vasculaires qui le parcourent des changements d'autant plus marqués qu'à la base du pétiole, la figure offerte par une coupe transversale des faisceaux vasculaires, est plus variée et plus complexe.

Ainsi dans le *pteris aquilina*, le *polypodium vulgare*, le *polystichum aculeatum*, dans beaucoup de cyathéacées, etc., la coupe transversale des faisceaux vasculaires, d'abord assez complexe, se simplifie de plus en plus à mesure qu'elle est prise plus haut sur le pétiole ; de sorte qu'il y a des différences assez grandes entre celle de la base et celle du sommet, différences dont on peut facilement se rendre compte si l'on rapproche les coupes intermédiaires.

Si l'on suit les variations des mêmes faisceaux vasculaires dans d'autres pétioles où, dès l'origine, ils sont moins compliqués, tels que dans les *scolopendrium*, les *asplenium*, les *todea, osmunda*, etc., on voit que le faisceau vasculaire, de la base au sommet du rachis, n'éprouve que de légères modifications : dans un pétiole d'*osmunda,* par exemple, on pourra reconnaître la forme simple et lunulée du faisceau jusque dans le support d'une pinnule.

C'est précisément le cas de l'espèce de fougère qui nous occupe. Dans la tige même et au sortir de la tige, la coupe transversale du faisceau vasculaire est très simple et a dû se conserver sans variation sensible à une distance très grande de la base et même jusque dans

les supports des pinnules, comme dans les *osmunda* et
les *asplenium*.

Les fructifications découvertes à Saint-Étienne ayant
offert, au milieu de la masse des sporanges, des sections
de rachis présentant des faisceaux vasculaires avec la
forme d'ω signalée dans les pétioles de la tige trouvée
dans le même gisement, j'ai cru pouvoir rapprocher ces
différentes parties et admettre leur dépendance comme
incontestable.

La nature des tissus, qui accompagnent ces faisceaux
vasculaires dans la tige et les fructifications, tissus à
éléments fibreux prédominants dans les deux organes,
donne encore plus de certitude à ce rapprochement.

C'est à la présence de ce tissu fibreux que l'on doit
d'avoir pu retrouver au milieu des fructifications les
traces caractéristiques des faisceaux vasculaires qui ont
été protégés par lui et conservés à l'abri de la destruction. Dans les *zygopteris*, ce tissu protecteur ayant
manqué, nous n'avons pu retrouver que les dernières
ramifications des pédicelles des sporanges bien moins
caractéristiques.

Tige, racines et pétioles. — Le fragment de tige du
botryopteris forensis noyé dans un magma siliceux,
comme tous les autres débris organiques silicifiés
recueillis à Saint-Étienne, n'avait guère plus d'un centimètre de longueur. Sa cassure oblique n'a pas permis
d'obtenir une section transversale perpendiculaire à
l'axe; la coupe représentée (planche 14, fig. 1) est donc
inclinée par rapport à ce dernier.

Suivant son grand diamètre, la section naturelle est
de **17** millimètres, et suivant le petit, de 7mm5 seulement.

Cette différence dans les deux diamètres perpendicu-

B. R.   7

laires provient tout à la fois de l'obliquité de la coupe et de l'augmentation de volume résultant de la présence de deux pétioles dont on voit les faisceaux vasculaires en *b, b* entourés de tissu cellulaire et qui vont se séparer de la tige.

La présence de nombreuses racines *d, d,* qui se dirigent au dehors en traversant la tige presque horizontalement, prouve que le fragment étudié appartient à la partie inférieure de la plante.

Il est probable que, de même que chez les *zygopteris* décrits précédemment, la tige ne s'élevait pas beaucoup en hauteur et ne prenait pas beaucoup d'accroissement en diamètre ; que leur taille, si l'on en juge d'après les échantillons qui nous ont été conservés, était celle des fougères herbacées vivantes et qu'elles ne devenaient jamais arborescentes.

La partie centrale de la tige est occupée par un cylindre vasculaire *plein*, à section circulaire ; il m'a été impossible d'y découvrir aucune trace de tissu cellulaire, il est vrai que le nombre des sections que j'ai pu faire a été des plus restreint ; elles se bornent à une coupe transversale et une coupe longitudinale, mais ni l'une ni l'autre n'a présenté de tissu cellulaire intérieur.

On se rappelle que la tige du *zygopteris Brongniartii* nous a offert six lames cellulaires qui divisaient le cylindre ligneux en six faisceaux principaux et dont les branches se subdivisaient encore en deux autres à leur extrémité périphérique. Dans la tige des *botryopteris*, il n'y a rien de semblable et s'il y a plusieurs faisceaux (ce qui est probable) qui concourent à la former, la fusion est bien plus complète que dans le genre précédent.

Les éléments vasculaires, qui sont en rapport avec

ceux des pétioles et des racines, sont groupés à la périphérie sans qu'il soit possible d'établir, vu la pénurie
des échantillons, les points précis qu'ils occupent; ce
ne sera que par des coupes méthodiques faites sur de
nouveaux spécimens plus complets, que l'on pourra
fixer le nombre des faisceaux vasculaires qui, en se sou-
dant, ont formé cet axe cylindrique.

Le nombre des pétioles qui partent de la tige des
botryopteris est assez limité; la coupe figurée en 1 n'en
présente en effet que deux *b b*, et les faisceaux vasculaires qui en occupent le centre ont un développement
considérable, leur forme est caractéristique; son orientation par rapport à l'axe de la tige ne laisse aucun
doute.

La figure 3, qui représente une coupe faite dans un
pétiole déjà séparé de la tige, en donne une idée plus
complète. Les faisceaux vasculaires se rendant aux
rameaux secondaires devaient aboutir aux extrémités
des trois branches de l'ω, là où les éléments vasculaires
deviennent plus fins et indiquent la présence de trachées; nous reviendrons plus loin sur la constitution
du faisceau vasculaire du pétiole.

Quelquefois la partie centrale *a'* du faisceau est séparée de l'arc extérieur comme le montre la figure 7, mais
cette circonstance est purement accidentelle et le résultat d'un déchirement du tissu.

Aucun pétiole de fougère déjà décrit ne peut rentrer
dans ce genre; l'un des plus voisins comme forme est
celui figuré par Corda sous le nom de *calopteris dubia*
(Fossil flora des Forwelt), mais au centre de l'arc lunulé
de ce pétiole se trouvent deux faisceaux vasculaires
isolés, au lieu d'un seul, comme dans la figure 7, et
de plus la gouttière qui accompagne le pétiole du

calopteris dubia indique une orientation inverse de celle du nôtre.

Le faisceau vasculaire de la tige ainsi que le faisceau des pétioles étaient entourés de tissu cellulaire le plus généralement détruit (fig. 1, 3 et 4 *f*).

Cependant les figures 7 et 8 qui représentent des coupes faites dans un pétiole découvert à Autun, montrent que ce tissu était composé de cellules rectangulaires à parois délicates, plus hautes que larges, formant une gaîne continue autour du faisceau vasculaire.

L'axe de la tige est formé de cellules allongées à parois réticulées (fig. 4 et 5) ; le réseau, comme on peut le remarquer, n'offre aucune régularité, sauf peut-être vers le bord des fibres où les lignes de séparation sont parallèles entre elles.

A la périphérie, les cellules deviennent plus petites et souvent scalariformes ; c'est à cette partie de la tige qu'aboutissent les faisceaux qui viennent, soit des racines, soit des pétioles.

En dehors de la zone non conservée, se trouve une couche cellulaire à éléments allongés, qui deviennent fibreux et étroits à mesure que l'on s'approche de l'extérieur (figure 6) ; cette région, qui peut être considérée comme formant l'écorce, est très épaisse et caractéristique de cette tige. Nulle part je n'ai distingué d'épiderme, et cependant en certains points j'ai constaté la présence de poils cloisonnés (fig. 6 *bis, e*) à la base desquels se trouve un coussinet de cellules plus petites *e'* peut-être une dépendance de l'épiderme détruit.

En *e*, fig. 1, se voient différentes coupes transversales de ces poils.

Les racines *d, d*, fig. 1, traversaient horizontalement

la tige avant de s'échapper au dehors ; leur mauvaise conservation n'a pas permis une étude complète de leurs parties.

Au contraire, la nature des tissus formant les pétioles a pu être déterminée assez exactement.

La figure 7, pl. xv, en effet, qui est une portion de coupe transversale d'un pétiole provenant d'Autun, montre le faisceau vasculaire central en forme d'ω ; la ligne médiane du faisceau s'est détachée accidentellement de l'arc extérieur.

La figure 8, qui en est la coupe longitudinale, fait voir en a les fibres vasculaires avec leurs parois poreuses ; cette particularité ferait supposer que les échantillons d'Autun pourraient bien appartenir à une espèce différente de celle trouvée à Saint-Étienne, dans laquelle les pétioles sont munis de fibres vasculaires réticulées ou rayées ; je la désignerai sous le nom de *botryopteris Augustodunensis.* Les fig. 9 et 10, coupes d'un autre échantillon de la même localité offrent la même particularité ; mais les pores sont elliptiques au lieu d'être circulaires.

En dehors du faisceau central vasculaire a (fig. 7 et 8), on trouve en f des cellules allongées et presque fibreuses, rappelant la gaîne des faisceaux vasculaires des pétioles de certaines fougères.

Plus extérieurement, on remarque en f' une zone de cellules petites, à parois minces et planes, traversée par des conduits gommeux c' assez nombreux et qui se détachent en brun sur les préparations ; ces conduits résultent de la superposition de cellules, comme dans les pétioles de *zygopteris ;* les parois horizontales peuvent disparaître et former un tube continu.

Enfin commence la couche corticale c, d'abord formée

de cellules peu allongées et traversée également dans cette partie par des conduits gommeux ; puis les éléments de l'écorce s'allongent de plus en plus et deviennent fibreux *c"*, dans cette région il n'y a plus de conduits gommeux.

Dans quelques échantillons (fig. 9) on reconnaît un épiderme formé d'un rang de cellules nettement limité, *e p,* sans indice de poils.

En résumé les caractères distinctifs de la tige et des pétioles sont pour la tige :

1º Cylindre vasculaire central plein, à fibres réticulées, sans lames cellulaires visibles. Les éléments les plus déliés sont à la périphérie.

2º Une gaîne cellulaire séparant le cylindre central de la partie extérieure ou corticale.

3º Une partie corticale fibreuse très développée, limitée par un épiderme, rarement conservé et couvert de poils.

4º Les pétioles sont cylindriques, sans gouttière longitudinale extérieure, avec un faisceau vasculaire central en forme d'ω, composé de cellules réticulées, poreuses et rayées, entouré de deux zones distinctes, l'une légèrement fibreuse, l'autre cellulaire, qui le séparent de la région corticale fibreuse assez développée.

FRUCTIFICATIONS DU BOTRYOPTERIS FORENSIS. (B. RBN.)

Les fructifications trouvées à Saint-Étienne forment une masse assez volumineuse due à l'agglomération de capsules très nombreuses serrées les unes contre les autres. Le fragment qui contenait une partie seulement de ces fructifications, mesurait 4 à 5 cent. de hauteur, 2 à 3 cent. d'épaisseur, et 3 à 4 de largeur ; les capsules ou sporanges constituant cette masse par leur accollement, ont 1mm5 à 2 millim. de longueur, et 0mm7 à 1 millim. de largeur dans leur plus grand diamètre.

La fig. 11, planche xvi, ne représente qu'une très minime portion de l'ensemble des capsules, traversé par des axes ou rachis de différents ordres u u' r.

Sur les plus petits sont fixées par groupe de cinq ou six et quelquefois plus, les capsules sporifères (fig. 12).

Comme les points d'insertion sur les subdivisions du rachis sont fréquents, que les ramifications sont nombreuses, les capsules sessiles, il en résulte pour l'ensemble une forme stipitée caractéristique.

Au milieu de la section d'un des rachis u on aperçoit en a un faisceau vasculaire, dont la forme caractéristique a permis d'attribuer ces fructifications aux pétioles d'Autun et de Saint-Étienne, et par suite à la tige décrite précédemment.

En u'', même figure, on remarque également un rachis contigu plus petit, qui offre en a un faisceau vasculaire de forme analogue.

Autour de ces faisceaux existait une gaîne cellulaire f qui a disparu, et plus en dehors une zone cellulaire fibreuse, épaisse, très analogue à celle qui forme la partie corticale de la tige elle-même.

Les sporanges sont piriformes, parfois légèrement recourbés et aplatis par leur pression mutuelle, résultat de leur mode d'insertion (fig. 12, 13, 15 et 17); leur aspect général est celui des capsules de *loxsoma cunninghami* (fig. 16), mais avec des dimensions linéaires triples (fig. 15 et 16).

Leurs parois sont formées d'un seul rang de cellules polyédriques, à section rectangulaire, n, dans beaucoup de cas, mais qui, dans certaines régions du sporange, s'allongent en s'épaississant, et forment alors une large

bande *o o* qui descend obliquement du sommet du
sporange à sa base, comme cela résulte de l'examen
attentif des coupes représentées (fig. 13, 14, 15, 17 et 18).

Cette bande n'est pas un anneau élastique proprement dit, mais bien plutôt une plaque analogue à celle
des *todea* ou des *osmunda*, toutefois plus développée et
autrement disposée ; cette bande devait déterminer une
déhiscence longitudinale dans le sporange, passant par
une région plus amincie de la paroi, *p.*

Chaque capsule est remplie d'un nombre considérable de spores, bien plus grand que celui que l'on
rencontre dans les capsules de fougères proprement
dites ; par contre, les dimensions des spores sont bien
plus petites.

Les figures 20 *bis*, *f* et 20, *t*, *t'*, planche x vii, donnent
avec le même grossissement, 250 diam., des spores de
loxoma et des spores de *botryopteris*, qu'il est facile de
comparer pour la grosseur ; les spores représentées en
t, t ne paraissent pas avoir subi de déformation, tandis
que celles vues en *t'* ont leurs parois plus ou moins
déchirées et déformées. Toutes sont vides à l'intérieur
et lisses à leur surface.

Botryopteris dubius. (B. Ren.)

Un échantillon silicifié, que m'a remis M. Lacatte,
savant collectionneur d'Autun, m'a présenté une réunion
de capsules sporifères analogues, mais non identiques
à celle que je viens de décrire et provenant de Saint-
Étienne.

Les différences seraient assez grandes pour nécessiter
la formation d'un genre nouveau, si la conservation
imparfaite de ces fructifications n'apportait pas quelques
doutes dans la détermination de leurs caractères.

Ces fructifications se présentent en masse serrée et compacte comme celles recueillies à Saint-Étienne; mais les capsules qui en forment l'agglomération ne sont pas disposées par groupes sur les subdivisions du rachis; elles sont terminales.

Les ramules semblent se renfler à leur extrémité pour produire les sporanges (fig. 22) qui paraissent être ainsi plongés dans le tissu même de ces ramules.

Les sporanges sont obtus, réniformes; les parois épaisses formées de plusieurs rangs de cellules (fig. 24 et 25). Sur ceux qui sont le mieux conservés, on distingue (fig. 26 et 27) deux couches différentes; l'une, interne, composée de cellules allongées n', suivant le grand axe du sporange; l'autre, externe, n, formée de cellules polyédriques de teinte plus pâle et recouverte d'une apparence d'épiderme e, p.

Les parois laissent apercevoir dans certaines régions des traces d'anneau (fig. 23 et 24, o), dirigé suivant la longueur du sporange, mais je n'ai pu constater la déhiscence de ce dernier.

La grosseur de ces capsules est supérieure à celle du *botryopteris forensis,* les fig. 19 et 24, faites au même grossissement, permettent de comparer les deux espèces de fructifications à ce point de vue.

Les spores sont également plus volumineuses, et se rapprochent sous ce dernier rapport des spores des fougères vivantes. Les fig. 20, 20 *bis* et 21, qui représentent des spores de *botryopteris forensis,* de *loxsoma* et de *botryopteris dubius* ne laissent pas de doute à cet égard.

Malgré tous les soins mis à la recherche d'une section de pétiole ou de rachis traversant les fructifications, et assez bien conservé pour qu'il fût possible de reconnaître la forme du faisceau vasculaire central, la rencontre d'un semblable rachis ne s'est pas offerte, de façon que le doute subsiste sur les rapports de ces fructifications avec un pétiole ou une tige déjà connue.

Cependant la forme générale du sporange rappelle celle que nous avons reconnue aux fructifications probables des *zygopteris* (fig. 2, pl. XIII), les capsules sont également terminales, mais un peu plus volumineuses (fig. 5), les spores sont au contraire un peu plus petites dans le *botryopteris dubius* (fig. 9) que dans le *botryopteris forensis* (fig. 8), et surtout que dans les *zygopteris* (fig. 7).

Malgré la complication plus grande de leurs parois, les capsules du *botryopteris dubius* se rapprocheraient plus de celles des *zygopteris* que de celles des *botryopteris* par leur forme, la disposition de l'anneau et leur mode d'insertion ; ce sont ces motifs qui me déterminent à les considérer comme les fructifications d'une espèce particulière de *zygopteris*.

RAPPORTS DES ZYGOPTERIS ET DES BOTRYOPTERIS.

Dans les deux genres fossiles que nous venons d'étudier, il est facile de reconnaître des caractères communs et des différences notables, mais non suffisantes pour les éloigner beaucoup l'un de l'autre.

Dans les *zygopteris* l'axe de la tige est multiple et formé de faisceaux vasculaires, verticaux et parallèles, encore séparés par du tissu utriculaire interposé.

Dans les *botryopteris*, l'axe également multiple ne renferme plus de traces de tissu cellulaire, la soudure des faisceaux ligneux est plus intime et ils ne sont accusés que par l'origine diverse des pétioles, sur le pourtour de l'axe ; leur nombre n'a pu en être déter-

miné faute de matériaux suffisants et assez bien conservés.

Les pétioles, dans les deux genres, sont cylindriques
sans gouttière extérieure. Nous avons vu que le faisceau vasculaire des pétioles de *zygopteris* était formé
de deux bandes parallèles, possédant deux centres de
trachées, réunies par une bande transversale.

Dans les *botryopteris* je n'ai pas eu l'occasion de voir
des faisceaux secondaires se détacher du faisceau vasculaire central. Mais d'après les figures 3, planche xiv,
et 7, planche xv, on reconnaît facilement que les trois
branches de l'ω sont formées à leur extrémité libre de
cellules plus fines et probablement renferment en ces
trois points les éléments trachéens.

Dans ce cas, le faisceau vasculaire résulterait également, comme dans les *zygopteris*, de la soudure de deux
faisceaux distincts. Cette soudure se serait faite par les
deux bords latéraux des faisceaux lunulés, et la branche
intérieure de l'ω serait le résultat de cette soudure;
l'étude de coupes faites dans les ramifications du rachis
pourrait seule confirmer l'exactitude de ces considérations.

Quant aux fructifications elles ont suffisamment
d'analogies pour qu'il soit impossible d'éloigner beaucoup ces deux genres l'un de l'autre, même forme générale, même grandeur insolite des sporanges renfermant un nombre considérable de spores de petites
dimensions.

Les fructifications que j'ai décrites sous le nom de
botryopteris dubius décèlent une organisation plus élevée
que celle des *zygopteris,* mais cependant ne peuvent
pas en être séparées.

On a rencontré dans les magmas silicieux d'Autun

d'autres fructifications analogues à celles des *botryopteris;* leur étude, quoique incomplète, annonce d'autres espèces qui viendront se ranger dans ce groupe curieux de fougères. Il serait peut-être bon de désigner sous un nom spécial, tiré du genre le mieux connu, l'ensemble de ces plantes qui ont des fructifications si différentes de celles de nos fougères vivantes.

Les *botryopteridées* comprendraient ainsi les fougères dont les sporanges, bien plus volumineux que ceux des fougères actuelles et renfermant un très grand nombre de spores, seraient placés non plus sous la face inférieure des pinnules, mais à l'extrémité de pédicelles plus ou moins développés, et munis d'anneaux ou de bandes élastiques.

Nous allons maintenant rechercher si cette famille a quelques représentants actuels, ou si comme il arrive si souvent pour les plantes de l'époque houillère, ne pouvant rentrer dans un groupe bien défini, elle doit servir d'intermédiaire ou de passage entre plusieurs.

D'abord il est certain que d'après leurs fructifications les genres fossiles doivent faire partie de la classe des filicinées (en y comprenant les ophioglossées).

Mais les analogies cessent bien vite quand on veut poursuivre la comparaison.

Le *botryopteris forensis,* décrit plus haut, offre avec plusieurs familles de fougères quelques analogies que nous allons examiner rapidement.

Ainsi l'axe cylindrique vasculaire, sans moelle incluse de la plante fossile, se retrouve dans les *hymenophyllum,* les *trichomanes (trichomanes Pricurii) (trichomanes florifundum,* etc..)

La figure 1 planche XVII, montre une coupe transversale d'une portion de tige de *trichomanes florifundum.*

Le cylindre central vasculaire est dépourvu de centre

cellulaire et de lames rayonnantes, il est formé de cellules allongées rayées ; au milieu de ces cellules, s'en trouvent quelques-unes de couleur brune *g* non rayées et remplies de substance gommeuse ; en dehors de l'axe, et l'entourant, se rencontrent deux zones formées, l'une de cellules rectangulaires plus hautes que larges, et l'autre de cellules plus allongées et légèrement fibreuses; enfin plus à l'extérieur, la partie que l'on peut considérer comme corticale très développée, fibreuse, et de couleur brune. En *c* on remarque une racine parcourant la tige presque horizontalement, et en *b, b* deux pétioles s'élevant obliquement à travers les tissus.

La figure 2 représente la partie centrale du *trichomanes Prieurii.*

Au centre se trouve un cylindre vasculaire formé de fibres rayées comme précédemment, renfermant aussi des cellules gommeuses *g ;* mais de plus plusieurs faisceaux fibreux *f, f* (fig. 3). Extérieurement à ce cylindre on voit trois zones distinctes : la première *e* formée de cellules rectangulaires plus hautes que larges, légèrement colorées ; la deuxième *e'* composée de cellules allongées et fibreuses, à parois minces ; enfin la troisième et la plus extérieure *e",* à cellules un peu plus hautes que larges, parfois remplies de substances colorées. Ces différentes couches sont enveloppées par le tissu cortical fibreux très développé de la tige ; l'épiderme est à peine visible.

Dans ces plantes et d'autres espèces que je pourrais citer, le cylindre central plein rappelle le cylindre vasculaire, également sans moelle incluse, des *botryopteris,* celui du *trichomanes floribundum* surtout, car dans ce dernier les faisceaux vasculaires multiples qui en composent la tige sont si intimement soudés que l'on ne trouve aucune trace de tissu cellulaire. La tige du *tri-chomanes Prieurii* a conservé quelques indices qui tra-hissent cette soudure, ce sont les trois faisceaux fibreux *f* inclus dans la masse vasculaire qui ont persisté, mais de leur nombre il serait peut-être téméraire d'en con-clure celui des faisceaux primitifs, qu'une étude plus approfondie pourra vraisemblablement préciser. Du reste, la structure élémentaire des tiges fossiles et des tiges vivantes est différente, puisque dans les premières ce sont des fibres réticulées qui en forment la masse, tandis que dans les dernières, le tissu est composé de fibres rayées. Là s'arrêtent les analogies ; en effet, la disposition et l'organisation des capsules, dans les *tri-chomanes*, sont différentes de celle que j'ai signalée plus haut pour les *botryopteris* et les *zygopteris* ; en outre les spores sont bien plus nombreuses et plus fines dans les genres fossiles que dans les plantes vivantes énumérées.

On ne peut donc faire rentrer le genre *botryopteris*, et par suite les *botryopteridées* ni dans le groupe des *hyménophyllées* ni dans celui des *trychomanées*.

Le mode de groupement des sporanges dans les plantes fossiles, quoique différent, rappelle cependant dans une certaine mesure celui des osmundées, et leur bande élastique, la plaque de même nature des *todea africana, todea rivularis, osmunda regalis*, etc. Mais les pétioles cylindriques à faisceaux vasculaires en H et en ω des *zygopteris* et des *botryopteris* n'ont guère d'analogie avec les pétioles elliptiques et creusés d'une gouttière des *osmundées* dont le faisceau vasculaire central est lunulé. De plus la forme et la grandeur des sporanges, le nombre et la grosseur des spores, la nature et la dispo-sition des tissus dans les tiges, sont complétement différents.

Une famille de laquelle on pourrait encore essayer de rapprocher les genres précédemment décrits est celle des *ophioglossées*.

Les sporanges dans les deux cas ont environ le même volume (fig. 13, pl. XVI, et fig. 15, pl. XIX), çette dernière figure représente un sporange de *Bot. subcarnosum* coupé longitudinalement ; à l'extérieur se trouve une couche formée d'un rang de cellules à section rectangulaire ; vu par la surface externe du sporange, elles offrent l'aspect représenté fig. 18 ; les parois des capsules n'ont pas d'anneau élastique proprement dit, c'est le tissu extérieur tout entier qui en fait l'office.

Au dessous de cette première couche de cellules à parois assez épaisses se trouve un tissu lâche qui tapisse l'intérieur de cette première enveloppe. Les figures 16 et 17, plus grossies, montrent la forme et la disposition de ce tissu. La couche externe *l* du sporange paraît être la continuation de l'épiderme du reste de la feuille (*e, p,* fig. 17).

L'enveloppe du sporange est donc plus compliquée que dans le *Bot. forensis*, mais moins que dans le *Bot. dubius*.

Les spores des *helminthostachys* et des *botrychium* sont très nombreuses dans chaque sporange et plus petites que dans les fougères ordinaires ; elles se rapprochent à cet égard des spores des maràttiées et de celle du *Bot. forensis*.

Les fig. 20 et 20 *bis* de la pl. XVII, qui indiquent avec le même grossissement (200 diam.) les spores de *botryopteris* (*t, t'* fig. 20) de *kaulfussia œsculifolia* (*c, c* fig. 20 *bis*) d'*helminthostachys zeilanica* (*d, d* fig. 20 *bis*), de *botrychium subcarnosum* (*t, t* fig. 20 *bis*), de *loxsoma cunninghami* (*b, b* fig. 20 *bis*), de *Bot. dubius* (*e, e* fig. 21), permettent de se rendre compte des différences considérables qui existent dans les grosseurs des spores de ces différentes plantes. Les spores du *Bot. dubius* surpassent notablement en grandeur celles du *Bot. forensis* et atteignent celle des *loxsoma cunninghami*, tandis que celles du *Bot. forensis* sont plus voisines sous ce même rapport des spores des *helminthostachys*, et des *botrychium*.

On sait que dans les *helminthostachys*, les sporanges sont fixés en nombre variable sur de petits axes communs très peu développés. Dans les *botrychium* ils sont sessiles, et creusés dans le tissu même de la feuille chez les *ophioglosses*.

On voit que d'après leurs organes de fructification les *botryopteridées*, par le genre *botryopteris*, se rapprocheraient assez des *ophioglossées* par l'intermédiaire du genre *helminthostachys*.

Mais les pétioles des plantes que nous comparons, offrent entre eux des analogies moins marquées.

Dans les *helminthostachys zeilanica, botrychium subcarnosum*, les pétioles sont, comme l'on sait, parcourus par plusieurs faisceaux (5 à 25) lunulés, disposés en cercle (fig. 6 pl. XVIII), la concavité tournée vers l'axe du pétiole, quelques-uns occupent la partie centrale, mais cette position peut n'être qu'accidentelle, les préparations que j'ai étudiées ayant été faites avec des échantillons desséchés.

Le nombre des faisceaux vasculaires diminue à mesure que l'on s'élève le long du pétiole ; dans la région fructifiée (fig. 7 pl. XVIII) il se réduit à 4 et chacun conserve, quoique très grêle, la forme lunulée des régions inférieures (fig. 8 *d*).

Les faisceaux vasculaires sont formés de cellules

allongées, rayées ou poreuses (figure 9, planche XVIII);
les pores sont elliptiques, et le grand axe de l'ellipse
est oblique par rapport à la longueur des fibres poreuses.

Autour de chaque faisceau se trouve une gaîne cellulaire protectrice qui le sépare du tissu plus lâche, du
reste, du pétiole (fig. 10 *bis*, e et 13, e, pl. XIX). De même
que dans les pétioles de *zygopteris* et de *botryopteris* on
rencontre dans les *helmintostachys* des canaux remplis
d'une matière gommeuse brune.

Si nous examinons la structure générale des tiges de
botrychium et d'*helminthostachys*, nous trouvons des
différences notables entre elles et celles des *zygopteris*
et des *botryopteris*.

La fig. 5, pl. XVIII et la fig. 10, pl. XIX qui sont des portions de coupe transversale de tiges d'*helminthostachys*
zeilanica et de *botrychium subcarnosum*, offrent un
cylindre vasculaire *d* entourant une *moelle centrale h*,
Le cylindre est formé de cellules allongées, rayées,
reticulées et poreuses (fig. 11 et 12, pl. XIX) ; il est environné lui-même par un cylindre de cellules allongées.
à parois minces et presque fusiformes (*e*, fig. 12) dans
lequel on peut reconnaître *deux* couches différentes ; à
l'extérieur se trouve un parenchyme épais formé de
cellules remplies de matières amylacées, et limité par
un épiderme à peine distinct.

Après ce rappel succinct de la structure de deux
genres de la famille des ophioglossées qui paraissaient
les plus voisins de nos deux plantes fossiles, on voit que
malgré quelques ressemblances entre les fructifications,
la nature réticulée des fibres des faisceaux vasculaires
des pétioles, il existe toutefois de nombreuses différences dans ces divers genres, et principalement dans

la structure des tiges, il est donc impossible d'assimiler complétement les *botryoptéridées* avec les *ophioglossées*.

La conclusion que nous pouvons tirer de cette discussion, c'est que ce groupe de plantes fossiles offrant tout à la fois : 1° une forme de tige analogue à celles de certaines fougères *(trichomanes hymenophyllum);* 2° la disposition normale stipitée des sporanges, qui n'est qu'accidentelle chez les *osmondées*, et la bande élastique de ces fougères, mais bien plus développée ; 3° des sporanges volumineux pédicellés comme dans les *helminthostachys*, et remplis de spores nombreuses, petites comme celles contenues dans les capsules des *marattiées* et des *botrychium*; ne peut, dis-je, pourtant faire partie ni des *hyménophyllées*, ni des *osmondées*, ni des *ophioglossées* et constitue un groupe à part disparu de nos jours, intermédiaire par sa tige et ses fructifications, entre les *hyménophyllées* représentant les fougères proprement dites et les ophioglossées qui, comme l'on sait, se séparent assez nettement des fougères. C'est le propre des plantes anciennes de présenter réunis des caractères communs à des groupes plus ou moins éloignés actuellement, soit parce que les groupes que nous avons maintenant n'existaient pas encore tels que nous les connaissons, soit plutôt parce que ceux-ci, jadis réunis entre eux par de nombreux intermédiaires, ont perdu, en traversant les âges, ces traits d'union que l'étude des plantes fossiles fait revivre, complétant ainsi le vaste canevas de la création, et comblant peu à peu les vides qui semblent exister entre nos *classes* et nos *embranchements*.

EXPLICATION DES PLANCHES

DU BOTRYOPTERIS FORENSIS (B. REN.) ET DU B. DUBIUS (B. REN.)
PLANCHES XIV, XV, XVI ET XVII (EX PARTE).

PLANCHE XIV. — *BOTRYOPTERIS FORENSIS*.

Fig. 1. — Coupe transversale de la tige, dirigée un peu obliquement (gros. 10 d.).

a. Axe central ligneux formé de fibres réticulées et rayées. Les cellules fibreuses de la partie centrale ont un diamètre plus considérable que celle de la périphérie où se rendent les éléments vasculaires des pétioles et des racines.

b b. Coupe transversale de pétioles qui se sont séparés de la tige et se dirigent vers la périphérie.

c c. Partie fibreuse corticale très développée qui entoure l'axe ligneux a.

d d. Racines qui se sont détachées de la partie extérieure de l'axe et se portent vers la périphérie en traversant le tissu fibreux cortical presque horizontalement ; au centre de la racine se trouvent les cellules réticulées et scalariformes qui en forment la partie vasculaire.

d'. Origine de l'une de ces racines.

e e. Coupe de poils pluri-cellulaires qui couvrent la surface extérieure de la tige.

f f. Gaine cellulaire protectrice détruite le plus souvent et qui entourait la partie vasculaire de la tige, des pétioles et des racines.

Fig. 2. — Section transversale de l'axe (gros. 35 d.).

a. Partie centrale formée de cellules allongées, réticulées, de dimensions plus grandes que celles des cellules de la périphérie ; ces dernières, a', se continuent avec les cellules rayées et réticulées des pétioles et des racines.

d d. Origine de racines qui partent de l'axe.

Fig. 3. — Section transversale d'un pétiole pris en dehors de la tige.

a. Faisceau vasculaire du pétiole dont la coupe transversale rappelle celle de la lettre grecque ω.

c. Partie corticale très développée du pétiole, formée d'éléments cellulaires à l'intérieur et d'éléments fibreux à l'extérieur.

c' c'. Cellules plus grosses, éparses dans le tissu cortical et remplies de substances gommeuses.

f. Partie cellulaire plus délicate formant une gaîne protectrice autour de la partie vasculaire et généralement détruite.

Fig. 5. — Cellules allongées, réticulées, formant l'axe de la tige ; les réticulations sont irrégulières et se transforment aux extrémités amincies des cellules en raies parallèles analogues à celles des cellules scalariformes (gros. 100 d.).

Fig. 6. — Partie fibreuse de la région périphérique de l'écorce vue en coupe longitudinale (gros. 100 d.).

Fig. 6 *bis.* — *e.* Poils cloisonnés de la tige *c'*, partie basilaire du poil appartenant à l'épiderme.

PLANCHE XV (suite).

Fig. 4. — Section longitudinale de la tige et de deux pétioles qui en partent (gros. 10 diam.).

a a. Partie vasculaire de la tige formée de cellules allongées et rayées.

a' a'. Partie vasculaire d'un pétiole également formé de cellules allongées, réticulées et rayées.

c c. Partie cellulaire et fibreuse de l'écorce dans la tige et les pétioles.

Fig. 7. — Coupe transversale de pétiole de *botryopteris* (Saint-Étienne) (gros. 35 d.).

a. Faisceau vasculaire central. La partie interne *a'* du faisceau s'est séparée de la partie convexe extérieure, lors de la pétrification.

c". Région fibreuse de l'écorce.

c. Partie cellulaire périphérique de l'écorce.

c'. Lacunes gommeuses.

f. Première gaîne cellulaire fibreuse entourant le faisceau vasculaire.

f'. Deuxième gaîne cellulaire plus extérieure.

Fɪɢ. 8. — Coupe longitudinale du même pétiole.

a. Cellules allongées, poreuses, de la partie vasculaire du pétiole ; les pores sont circulaires et disposés régulièrement en série.

f. Première enveloppe composée de cellules allongées, c'est l'enveloppe protectrice du faisceau.

f'. Deuxième enveloppe cellulaire rarement conservée.

c. Première couche cellulaire de l'écorce.

c'. Lacunes gommeuses.

c''. Deuxième couche de l'écorce dont les cellules se sont allongées et sont devenues libériennes.

Fɪɢ. 9. — Coupe transversale d'un pétiole de botryopteris (Autun) grossie 20 fois.

a. Faisceau vasculaire central.

c c''. Région corticale.

e p. Épiderme conservé dans cet échantillon.

f. Partie cellulaire entourant l'axe du pétiole, mais dont la structure n'est pas conservée.

Fɪɢ. 9 bis. — Coupe longitudinale du même pétiole (grossie 35 fois).

a. Partie vasculaire.

c c''. Région corticale, cellulaire et fibreuse.

f. Première gaine du faisceau vasculaire, fibreuse mais assez mal conservée.

f'. Vide laissé par la deuxième enveloppe cellulaire qui a été détruite.

Fɪɢ. 10. — Cellules allongées, poreuses, de l'axe du pétiole ; les pores sont elliptiques (gros. 200 d.).

PLANCHE XVI. — FRUCTIFICATIONS DES BOTRYOPTERIS.

Fɪɢ. 11. — Coupe transversale à travers une portion d'un glomérule de sporanges (gros. 10 diam.).

u. L'un des axes fructifères coupé transversalement, d'où partent des axes secondaires u' u'' ; ces derniers sont entourés par la masse des sporanges m m, dont on n'a figuré qu'une partie.

a. Partie vasculaire de l'axe principal et des axes secondaires ; le faisceau vasculaire sur une coupe transversale présente la même figure d'ω que les faisceaux vasculaires des pétioles décrits précédemment.

c. Région celluloso-fibreuse des axes fructifères.

f. Gaine cellulaire mal conservée entourant la partie vasculaire.

m m. Sporanges renfermant de nombreuses spores.

n. Enveloppe des sporanges formée d'un seul rang de cellules.

u'. Axes secondaires.

r r. Axes tertiaires.

Fig. 12, montrant le mode d'insertion des sporanges m m sur l'axe j.

l. Partie du sporange allongée en pédicelle.

m. Spores.

n. Parois formées d'un seul rang de cellules.

p. Partie moins épaisse des parois du sporange par laquelle s'effectuait la déhiscence.

o. Portion de l'enveloppe plus épaisse du sporange et jouant le rôle de l'anneau élastique des sporanges de fougères (gros. 35 diam.).

Fig. 13, 14, 15, 17, 18, montrant des coupes faites dans différentes-régions des sporanges :

14, vers le sommet m, spores;

18, vers la base ;

17, tangentiellement ;

13 et 15, longitudinalement, mais dans deux méridiens différents on voit les cellules épaissies o dans deux positions différentes, au sommet et vers la base du sporange (gross. 35 diam.).

Fig. 16. — Sporange de *loxsoma cunninghami*.

o. Anneau élastique ; m, deux spores encore incluses (gros. 35 diam.).

Fig. 19. — Coupe transversale d'un sporange de *botryopteris forensis*.

m, n, o, p, q. Comme précédemment (gros. 35 d.).

Fig. 24. — Coupe transversale d'un sporange de *botryopteris dubius*.

o. Apparence d'anneau.

n. Parois formées de plusieurs rangs de cellules.

m. Spores incluses.

f. Fracture dans la paroi du sporange.

PLANCHE XVII

Fig. 20. — *t.* Spores du *botryopteris forensis* non déformées ; l'enveloppe s'est fendue et laisse voir l'intérieur du sporange.

t'. Autres spores légèrement déformées et déchirées (gros. 200 d.).

Fig. 20 *bis.* — Spores de plantes vivantes vues avec le même grossissement afin de permettre la comparaison.

b b. Spores de *loxsoma cunninghami;*

c c. De *kaulfussia æsculifolia ;*

d d. D'*helminthostachys zeilanica ;*

t t. De *botrychium subcarnosum.*

Fig. 21. — Spores renfermées dans les fructifications du *botryopteris dubius* d'Autun (gros. 200 d.).

Fig. 22. — Groupe de sporanges qui paraissent creusés dans l'extrémité renflée des ramifications de l'axe, comme dans les fructifications de *zygopteris* et appartenant au *botryopteris dubius.*

m. Spores ; *n,* enveloppe du sporange.

r. Axe fructifère se subdivisant en plusieurs autres plus petits ; *r' r',* qui se terminent chacun par un sporange.

Fig. 23. — Sporange avec apparence d'anneau *o* coupé longitudinalement.

n. Parois formées de plusieurs rangs de cellules.

m. Spores (gros. 35 diam.).

Fig. 25. — Coupe transversale de sporanges.

m. Spores ; *m',* vides laissés par le départ des spores.

n. Partie cellulaire de l'enveloppe du sporange ; *n',* partie plus interne, fibreuse.

Fig. 26. — Portion longitudinale de la paroi du sporange.

n'. Partie fibreuse interne; cet aspect fibreux pourrait provenir de la compression des cellules les unes contre les autres ; *n,* partie cellulaire externe.

Fig. 27. — Coupe transversale ; *n',* partie fibreuse?

n. Partie cellulaire ; *ep,* épiderme.

PLANTES VIVANTES. — *TRICHOMANES FLORIBUNDUM.*

Fɪɢ. 1. — Coupe transversale de *trichomanes floribundum* (gros. 10 d.).

a. Partie extérieure fibreuse très développée.

a'. Portion d'épiderme.

b b. Coupe transversale de pétiole non encore dégagé de la tige.

c. Coupe longitudinale d'une racine.

d. Axe vasculaire central *plein* dans lequel on remarque des cellules remplies d'une matière brune.

e. Gaine de cellules allongées entourant l'axe vasculaire.

Fɪɢ. 2. — Coupe transversale de la partie centrale d'un rhizome de *trichomanes Prieurii.*

a. Partie corticale fibreuse.

e. Gaine cellulaire entourant l'axe vasculaire d.

d. Axe vasculaire formé de cellules allongées, rayées.

f. Bandes fibreuses plongées au milieu du tissu rayé de l'axe, indices des faisceaux multiples qui constituent l'axe ; dans le *trichomanes floribundum*, toute trace semblable a disparu, la soudure étant plus intime.

g. Cellules remplies de matière brune.

Fɪɢ. 3. — Coupe longitudinale d'une partie de l'axe.

d. Cellules allongées, rayées, de l'axe.

f. Fibres qui constituent les bandes éparses dans le tissu formé de fibres rayées de l'axe.

Fɪɢ. 4. — Coupe longitudinale d'une portion de l'axe et des enveloppes extérieures.

d. Cellules allongées, rayées, de l'axe.

e. Première gaine cellulaire ; les cellules sont allongées et à parois terminales planes.

e'. Deuxième gaine de cellules allongées, plus petites et terminées en biseau.

e''. Troisième gaine de cellules plus épaisses ; les cellules plus hautes que larges s'allongent de plus en plus en s'avançant vers l'extérieur et prennent l'aspect fibreux et libérien de l'écorce.

a. Fibres corticales.

PLANCHE XVIII

Fɪɢ. 5. — Coupe transversale d'un rhizome d'*helminthosta-chys zeilanica*.

a. Partie extérieure cellulaire, parenchymateuse de la tige.

e. Première gaîne cellulaire externe.

e'. Deuxième gaîne cellulaire plus interne.

d. Axe cylindrique ligneux formé de cellules allongées, rayées et poreuses.

h. Partie centrale médullaire entourée par le cylindre ligneux *d*.

Fɪɢ. 6. — Coupe transversale d'un pétiole d'*helminthostachys zeilanica* (grossie 15 fois).

a. Zone parenchymateuse extérieure, limitée par un épiderme mal défini.

d d. Faisceaux vasculaires disposés en cercle et formés de cellules allongées, rayées et poreuses.

e e. Gaîne cellulaire fibreuse entourant les faisceaux vasculaires.

f. Tissu lacuneux central déchiré (les échantillons qui ont servi à faire ces préparations étaient des échantillons conservés en herbier).

Fɪɢ. 7. — Coupe transversale d'un pétiole d'*helminthostachys zeilanica* dans la région fructifère.

a. Portion parenchymateuse extérieure du pétiole.

d. Faisceaux vasculaires desservant les fructifications.

i i. Pédicelles des fructifications.

Fɪɢ. 8. — Coupe transversale d'un faisceau vasculaire du pétiole précédent (grossi 100 fois).

d. Faisceau de fibres rayées.

e. Gaîne cellulaire qui l'entoure.

Fɪɢ. 9. — Coupe longitudinale de cellules allongées, poreuses, à pores elliptiques prises dans un pétiole.

Fɪɢ. 10 *bis.* — Coupe transversale d'un faisceau vasculaire de pétiole de *botrychium subcarnosum*.

d. Faisceau vasculaire formé de cellules allongées, poreuses et rayées.

e. Gaîne de cellules allongées (enveloppe protectrice) qui l'environnent.

a. Parenchyme extérieur.

PLANCHE XIX

Fig. 10. — Coupe transversale de *botrychium subcarnosum*.
a. Parenchyme cortical.
e e' h. Comme dans la figure 5.

Fig. 11. — Coupe longitudinale d'une portion de l'axe de *botrychium*, cellules allongées, rayées (gros. 100 diam.).

Fig. 12. — Coupe longitudinale d'une portion de l'axe de *botrychium* (200 diam,) ; *d*, cellules allongées, poreuses ; *e*, enveloppe cellulaire pseudo-fibreuse ; *a*, tissu parenchymateux extérieur.

Fig. 13. — Coupe longitudinale d'une portion de faisceau vasculaire d'un pétiole ; *d*, cellules allongées, poreuses, du faisceau.

e. Gaîne de cellules allongées qui l'entourent.

Fig. 14. — Même figure mais plus grossie.

Fig. 15. — Coupe transversale de deux sporanges de *botrychium* (gros. 35 diam.).

l. Enveloppe cellulaire externe du sporange formée d'un seul rang de cellules à section rectangulaire qui paraissent être la continuation de l'épiderme.

m. Tissu cellulaire interne, continuation du tissu parenchymateux de la feuille.

n. Portion interne du limbe foliaire.

Fig. 16 et 17. — Portion de la paroi du même sporange ; *e p*, épiderme de la feuille sporifère ; *l*, sporange.

Fig. 18. — Lambeau de l'enveloppe extérieure du sporange vu en dessus.

FAMILLE DES OSMONDÉES

GENRE ANACHOROPTERIS

Le genre *anachoropteris* a été rangé par Corda dans le groupe des *rhachioptéridées*, car on n'en connaissait alors que les rachis effeuillés. Voici les caractères du genre créé par Corda : [1]

« Rachis herbacea ; cortice crassa, supra canaliculata, rarius rotundata, hirsuta vel glabra ; medulla continua ; fasciculo vasorum simplici, margine reflexo, lobis involutis, vagina spuria ; vasis amplis porosis. »

Deux espèces sont rapportées à ce genre :

1° *Anachoropteris pulchra*, dont la diagnose est :

« Rachi tenui, supra late canaliculata ; infra rotundata, pilosa ; cortice crassiuscula ; fasciculo vasorum reflexo, lobis spiraliter involutis ; vasis porosis ; medulla ampla, compacta ; cellulis minutis. » (Tab. LVI.)

2° *Anachoropteris rotundata* :

« Rachi minuta, supra rotundata, rarius canaliculo-impressa ; cortice crassiuscula, lævi ; fasciculo vasorum reflexo, incurvo ; vasis inæqualibus porosis. » (Tab. LIV, fig. 7, 9.)

Ces deux espèces se rencontrent dans les *sphærosiderites* de *Radnitz*.

Je ne connais rien de plus sur ce genre.

Dans son *Tableau des genres de végétaux fossiles*, page 37, M. Brongniart fait remarquer que la disposition

1. *Beitrage zur flora*, p. 84.

du faisceau vasculaire est contraire à tout ce que l'on connait dans les pétioles de fougères qui, dans tous les cas où les pétioles n'offrent qu'un seul grand faisceau vasculaire, ont ce faisceau canaliculé à concavité dirigée du côté supérieur et jamais inférieurement, et pense que la légère cannelure superficielle qui a décidé Corda dans la distinction des faces supérieures et inférieures, n'est peut-être pas assez prononcée pour l'emporter sur cette disposition constante du faisceau vasculaire des fougères vivantes.

Dans la plupart des fougères, en effet, le plan de la fronde laisse au dessous de lui la plus grande partie du rachis qui porte les ramifications formant cette fronde, et dans les fougères à faisceau unique, dont la concavité est tournée en dessus, quand ce sont les bords libres qui envoient des faisceaux vasculaires dans les ramifications, le plan de la fronde doit être sensiblement à la hauteur des bords libres du faisceau vasculaire, il en serait ainsi pour les pétioles d'*anachoropteris* si c'étaient réellement les bords libres ou enroulés du faisceau vasculaire qui fussent en rapport avec les faisceaux des ramifications; mais nous verrons en étudiant la structure des pétioles qu'il en est tout autrement et que les faisceaux vasculaires ayant une origine toute différente, l'orientation donnée par Corda est inexacte et contraire, comme le fait justement remarquer M. Brongniart, à ce qui existe généralement dans l'orientation habituelle des faisceaux vasculaires des fougères.

Anachoropteris Decaisnei (B. Ren.)

Cette tige, à peine longue de un à deux centimètres, a été trouvée dans les rognons siliceux d'Autun; à plusieurs reprises depuis, j'ai eu occasion de rencontrer quelques autres fragments, mais aucun ne m'a fourni une structure aussi complète que celui que j'avais tout d'abord décrit.

La même tige a été signalée depuis dans le terrain houiller du Lancashire par M. Williamson [1], en même temps que divers pétioles de fougères qui se rapportent, du moins certains d'entre eux, aux différentes espèces de *zygopteris* que j'ai décrites plus haut.

L'étude simultanée des mêmes espèces de plantes dans diverses régions du globe, ne peut que donner des résultats excellents, car l'examen anatomique fournissant des moyens précis, pour saisir les particularités qui échappent aux empreintes seules, permettra de reconnaître avec quelque certitude si, à la même époque géologique, c'étaient bien les mêmes espèces qui régnaient dans des points éloignés de la terre, et jusqu'à quel point une espèce ou un genre peut varier sans s'éteindre.

DESCRIPTION DE LA TIGE. — PLANCHES XX, XXI, XXII.

Les figures 1 et 2, planche XX, représentent les coupes transversales faites dans la tige de cet *anachoropteris*.

Les parties qu'on y remarque sont :

1° Une portion centrale très peu développée dans la figure 1, mais qui l'est davantage dans la figure 2, $a\ a$, et qui est complétement cellulaire.

2° Une partie vasculaire, $b\ b$ (fig. 1 et 2).

3° Une partie cellulaire, $c\ c$, enveloppant le cylindre

1. V. *On the organisation of the fossil plants of the coal measines*, part VI ; by W. C. Williamson, trans. philo royal Society of London.

vasculaire, en grande partie détruite (fig. 1), mais conservée dans la figure 2.

4° Une couche épaisse cellulaire formant la partie extérieure de la tige et traversée par les faisceaux encore visibles qui se rendaient aux feuilles.

Comme on le voit d'après l'énumération succincte des parties constituantes de cette tige, elle ne diffère pas essentiellement de la tige des *zygopteris*, décrite précédemment puisque nons avons trouvé, et dans le même ordre, des éléments semblables chez tous les deux. Cependant nous verrons dans la constitution du faisceau pétiolaire une différence profonde qui ne permet pas de confondre dans la même famille les *zygopteris,* les *botryopteris* et les *anachoropteris.*

Voici du reste la description des divers tissus de la tige, ce qui permettra de saisir les analogies et les différences qui existent entre eux.

La partie centrale de la tige est occupée par une partie médullaire (fig. 2, pl. xx, *a*), de même que nous l'avons vu dans les tiges de *zygopteris*, mais elle est plus nette et plus développée; cette moelle se prolonge en cinq rayons, au lieu de six, comme dans le genre précédent, qui partage l'axe ligneux en cinq faisceaux distincts. Ces rayons médullaires se bifurquent chacun à leur extrémité, et entre les branches de l'Y qui résulte de cette bifurcation se trouve un faisceau vasculaire disposé de la même façon que dans les *zygopteris*.

De sorte que la tige est ainsi composée de cinq faisceaux principaux parallèles, soudés incomplétement par leur face interne, et entre leurs branches périphériques qui s'écartent entre elles en forme de gouttière triangulaire, se trouvent logés cinq autres faisceaux également rectilignes, beaucoup plus petits que les premiers, et qui occupent l'extrémité des cinq rayons formés par la soudure plus ou moins complète des branches latérales des cinq faisceaux principaux.

Les cellules qui composent les faisceaux vasculaires sont rayées, d'un diamètre assez considérable dans la partie médiane du faisceau, elles vont, au contraire, en diminuant de diamètre aux deux extrémités, et il n'y a pas de doute, quoique je ne l'aie pas constaté, que des trachées se rencontrent aux pointes des croissants figurés par leur coupe transversale.

Autour de l'étui ligneux, se trouve une masse cellulaire pénétrant dans l'intervalle laissé par les côtes saillantes (c, fig. 2) ; dans la figure 1, il est en grande partie détruit. Les cellules qui le constituent sont à parois minces, arrondies, ovoïdes ou prismatiques (fig. 5, c).

Quelquefois de la silice colorée a pénétré dans l'intérieur des cellules, de sorte que l'échantillon a une teinte bleuâtre dans cette région.

A plusieurs reprises j'ai rencontré, isolée dans des fragments de silice, toute cette portion de la tige, composée de la moelle centrale, de l'étui ligneux et de l'enveloppe extérieure c c. La fig. 2 représente précisément une de ces portions.

Il est clair que le tissu délicat devait former entre l'axe ligneux et la portion plus résistante extérieure de la tige une ligne de rupture, lorsque la tige venait à subir quelque compression du dehors.

L'enveloppe la plus extérieure (d d, fig. 1) se compose de cellules polyédriques à section transversale hexagonale (fig. 7 et 8), sensiblement rectangulaire quand la coupe est longitudinale (fig. 5 et 6). Ces cellules ont des parois assez résistantes et contenaient des grains de fécule. A l'extérieur de cette couche de cellules se trouve

une zone située plus près de l'écorce et composée d'éléments plus allongés, dépourvus des granulations qui
indiquent la présence de substances amylacées (*e,* fig. 6);
les cellules de cette zone s'allongent encore plus en se
rapprochant de l'extérieur de la tige et deviennent
fibreuses (*f*, fig. 6).

Enfin on remarque tout à fait à l'extérieur une couche
épidermique assez peu distincte (*g,* fig. 6).

La figure 1 nous fait voir les traces laissées par le
passage des faisceaux vasculaires se rendant aux pétioles *e e.*

Malheureusement l'état de conservation de cette
partie cellulaire de l'échantillon ne permet pas de décider si ces faisceaux formaient des verticilles superpo-
sés, ou s'ils étaient placés sur une spirale autour de la
tige.

Quant à leur nombre sur un même verticille ou sur
un tour de spire, il y a grande probabilité pour que ce
soit un multiple de cinq.

Examiné avec un grossissement suffisant, le faisceau
vasculaire (*e e,* fig. 1) se montre sous la forme d'un
cercle s'il appartient aux régions centrales, c'est-à-dire
s'il y a peu de temps qu'il s'est séparé de l'axe; il affecte
au contraire une forme elliptique s'il est pris plus près
de l'extérieur (fig. 4). Enfin plus extérieurement encore
l'ellipse se fend (fig. 8) du côté tourné vers l'axe et le
faisceau prend plus ou moins vers la périphérie la
forme caractéristique des faisceaux vasculaires d'*anachoropteris.*

La présence d'un de ces pétioles (fig. 7, *r*) adhérent à
un côté de la tige étudiée, *d b*, et dont l'orientation est
telle que la concavité du faisceau est tournée du côté
de la tige, m'avait fait supposer autrefois que l'orientation signalée par Corda et discutée par Brongniart,

n'était pas exacte. D'autres raisons sont venues confirmer cette hypothèse qui n'avait pas une sanction suffisante, car on pouvait objecter que le pétiole figuré en *r*, fig. 7, était soudé accidentellement à la tige sans en dépendre nécessairement.

L'examen d'un assez grand nombre de pétioles d'*anachoropteris* m'a montré que les faisceaux vasculaires qui se rendent dans les ramifications de la fronde, ne partent jamais des branches vasculaires latérales recourbées en spirale en dedans du faisceau, mais en deux points symétriques placés aux extrémités de la portion plane du faisceau, là où commence la courbure des spires latérales.

Cette origine des faisceaux vasculaires qui se rendent dans les ramifications secondaires du rachis, est exactement la même que celle que l'on observe dans une coupe transversale faite à une hauteur convenable d'un pétiole de *todea* ou d'*osmonde*. En effet, dans ces pétioles pour lesquels l'orientation du faisceau vasculaire, par rapport à la tige, ne peut offrir d'ambiguïté, les faisceaux secondaires qui se rendent aux subdivisions de la fronde partent, comme dans les pétioles fossiles, de deux points placés symétriquement à droite et à gauche, là où les deux branches latérales se relèvent verticalement pour se recourber ensuite plus ou moins en spirale intérieure. L'analogie des pétioles d'*anachoropteris* et ceux des *osmondées* est donc sous ce rapport très grande et vient confirmer l'orientation que j'ai indiquée précédemment.

La gouttière *r* (fig. 7, pl. xxi) et *a* (fig. 1, pl. xxii), du reste très peu accentuée et qui, à la rigueur, pourrait provenir d'une contraction des tissus ayant amené cette déformation sur la surface du pétiole, doit être placée en dessous comme cela a été figuré.

B. R.   9

Les différences les plus marquées entre les pétioles d'*anachoropteris* et ceux des *osmondées* consistent en un enroulement plus accentué de la spirale formée par le faisceau vasculaire de l'*anachoropteris pulchra* (Corda), et dans la présence de fibres vasculaires ponctuées dans les pétioles fossiles, tandis que dans tous les pétioles de fougères actuellement vivantes les fibres vasculaires sont rayées.

Le nombre des faisceaux vasculaires qui s'échappent des deux régions que je viens d'indiquer, n'est que de deux placés l'un à droite et l'autre à gauche.

On se rappelle que dans les pétioles de *zygopteris*, nous avons signalé quatre régions, deux à droite et deux à gauche, d'où partent les faisceaux vasculaires qui se rendent dans les ramifications de la fronde.

Cette particularité établit une distinction caractéristique dans la constitution du pétiole de ces deux genres et ne permet pas qu'on les confonde. En outre, j'ai dit que le faisceau vasculaire du pétiole des *anachoropteris* avait la forme d'un cercle en s'échappant de l'axe, j'ai pu constater de plus que chaque extrémité des cinq rayons de l'axe ligneux pouvait émettre deux de ces faisceaux, de sorte que le nombre des faisceaux vasculaires, s'ils partaient en même temps de l'axe, était de dix sur un verticille, ou encore de dix, mais sur une spirale, s'il n'était émis que successivement.

Au commencement de cette description, j'ai cité les deux espèces admises par Corda : *Anach. pulchra* et *Anach. rotundata*, avec leurs caractères spécifiques.

Le pétiole de la figure 7 ne peut rentrer dans les deux espèces de Corda et appartiendrait à une espèce différente.

En examinant ce pétiole et en ne tenant pas compte du plus ou moins grand enroulement des bords en spirale.(Le degré d'enroulement peut dépendre de la portion du pétiole étudiée, il suffit en effet de couper en différents points un pétiole de *todea* ou d'*osmonde* pour constater une incurvation plus ou moins prononcée du faisceau vasculaire) ; il reste pour le caractériser :

1° Une gaîne foncée qui entoure le faisceau vasculaire et qui diffère sensiblement de la *vagina spuria* du genre de Corda ;

2° Des lacunes, *p p*, existant en cercle, en dehors du faisceau ; enfin la forme particulière de la gouttière *r*, qui était placée au dessous du rachis.

Quant à la nature des faisceaux vasculaires de ce pétiole, plusieurs préparations m'ont montré des vaisseaux poreux et scalariformes, les pores des vaisseaux étaient tournés du côté des cellules, les faces des vaisseaux en contact au contraire étaient scalariformes.

Dans le plus grand nombre des traces vasculaires (*c c*, fig. 1), on peut constater, à l'aide du microscope, la présence du faisceau circulaire ou elliptique de l'*anachoropteris* ; de plus, la fig. 3 ne dénote aucune trace de feuilles écailleuses, par conséquent les faisceaux vasculaires se rendaient tous dans des pétioles qui se développaient en fronde et n'avortaient pas pour former des écailles autour de la tige comme nous l'avons vu dans le *zygopteris Brongniartii*.

Je n'ai pas non plus remarqué la présence de poils scarieux, ni sur la base des pétioles, ni sur la tige.

On rencontre parfois dans les faisceaux vasculaires des pétioles de l'*anachoropteris pulchra*, des productions cellulaires curieuses qui m'ont engagé à faire l'anatomie de l'un de ces pétioles.

La figure 1 (pl. xxII) est une coupe transversale du faisceau vasculaire et d'une portion des autres tissus de l'un d'eux.

La figure 2 représente une coupe longitudinale diri-·
gée suivant la ligne XY de la figure 1.

Les mêmes lettres correspondent aux mêmes parties
dans les deux figures.

A l'extérieur, en *a*, on rencontre des fibres corticales
très serrées, analogues aux fibres libériennes ; l'épiderme
n'existait plus dans l'échantillon.

En allant de l'extérieur à l'intérieur on trouve une
couche de cellules polyédriques plus hautes que larges
(*b*, fig. 1 et 2) offrant une section transversale plus ou
moins elliptique, ou bien rendue polygonale par leur
pression mutuelle.

Les parois de ces cellules sont très épaissies et ne
laissent au centre qu'un très petit espace correspondant à une cavité actuellement remplie par de la silice
colorée. L'épaisseur des parois est rendue évidente par
la coupe longitudinale (*b*, fig. 2).

Entre ces cellules et le faisceau vasculaire de la partie
centrale, il existait une couche de cellules polyédriques *c*,
à parois beaucoup moins résistantes et dont il reste à
peine quelques vestiges.

Le faisceau vasculaire est formé (fig. 1 et 2, *d*) d'une
rangée de gros vaisseaux à section transversale elliptique
plus ou moins déformée par leur contact, et dont les
parois sont percées de pores réguliers ronds, disposés
sur des lignes parallèles et obliques par rapport aux
vaisseaux ; c'est la même structure qu'a signalée Corda
(loc. cit.). Cette forme de vaisseau n'a pas encore été
signalée dans les fougères vivantes.

Une particularité curieuse de ces vaisseaux est de
présenter leur intérieur rempli de cellules polyédriques ;
ce fait qui a été constaté déjà dans les vieux vaisseaux
du bois des arbres dicotylédones, n'a pas été, que je

sache, signalé dans les fougères vivantes, et peut paraître singulier dans des pétioles qui n'ont ordinairement qu'une existence de peu de durée. [1]

Les lettres *d*, *l* et *o* montrent trois vaisseaux poreux dont les parois sont en grande partie enlevées, et laissent voir l'intérieur rempli de cellules.

La figure 3 montre un de ces vaisseaux plus grossi ; le bord supérieur paraît crénelé. Cet aspect provient de ce que la coupe transversale intéresse plusieurs rangées de pores et passe par leur milieu. On peut reconnaître facilement cette structure quand on se sert d'un éclairage oblique et d'un grossissement de 500 diam.

La lettre *e* indique un vaisseau voisin de celui désigné par la lettre *d* très probablement un vaisseau scalariforme, car la coupe n'est pas très éloignée de l'extrémité de la bande transversale, où l'on remarque des éléments vasculaires beaucoup plus petits que dans les autres parties du faisceau, et formés de vaisseaux scalariformes et de trachées d'où partent les faisceaux qui se rendent dans les ramifications de la fronde.

On voit en *h* des cellules allongées, fusiformes, d'une coloration plus foncée (fig. 1), enveloppées par les extrémités enroulées en spirale du faisceau vasculaire.

Plusieurs tiges de fougères vivantes, telles que les tiges d'*osmonde*, de *todea*, et leurs pétioles ne manquent pas d'analogie avec les parties correspondantes que nous venons de décrire à l'état fossile, la coupe transversale faite dans les pétioles des unes et des autres offre comme l'on sait un faisceau vasculaire unique, lunulé,

---

1. Harting, pourtant, a siglalé dans l'intérieur des vaisseaux scalariformes des bulbes d'*angiopteris*, la présence d'une production cellulaire analogue à celle des pétioles fossiles. Voyez de Wriese, planche vii, fig. 4.

s'enroulant en dedans, par ses extrémités, d'une façon plus ou moins marquée ; les origines des faisceaux secondaires qui se rendent dans les subdivisions du rachis sont sensiblement les mêmes dans les deux cas.

Une section transversale dans la tige d'*osmonda regalis* ou de *todea africana* montre une série de faisceaux vasculaires disposés en cercle, placés parallèlement, s'anastomosant entre eux alternativement, et émettant à leur jonction les faisceaux vasculaires qui se rendent dans les pétioles disposés en spirale le long de la tige. La différence consiste en ce que la partie médullaire comprise dans le cercle de faisceaux vasculaires est bien plus considérable que dans les *anachoropteris*, la soudure est moins intime, de plus il n'y a pas, comme dans ces derniers, un deuxième cercle extérieur de faisceaux vasculaires plus petits, logés entre les branches écartées des cinq faisceaux primaires qui constituent le cylindre central.

La tige et les pétioles des *anachoropteris* se rapprochent donc, sans pourtant s'identifier, de ceux des fougères qui forment la famille des osmondées ; les fructifications seules, en poursuivant, ou au contraire en faisant cesser les analogies, permettraient de s'assurer si cette famille était réellement déjà représentée à l'époque de la formation de la houille.

EXPLICATION DES PLANCHES XX ET XXI

RELATIVES A L'ANACHOROPTERIS DECAISNEI.

FIGURE 1. — Coupe transversale de la tige (grossie 3 fois).

a a. Partie médullaire centrale offrant cinq prolongements dans l'intérieur du tissu vasculaire, chacun des prolongements se bifurque à son extrémité.

b b. Tissu vasculaire scalariforme composant l'axe ligneux.

c c. Espace occupé par un tissu cellulaire peu résistant et en grande partie détruit.

d d. Tissu cellulaire cortical à parois plus résistantes traversé par les faisceaux vasculaires qui se rendent aux feuilles.

e e e'. Traces des faisceaux vasculaires se rendant dans les pétioles ; f, racine.

FIG. 1 bis. — La même, mais de grandeur naturelle.

FIG. 2. — Portion centrale d'une autre tige (grossie 14 fois).

a a a'. Partie médullaire centrale se divisant en cinq rayons qui eux-mêmes se bifurquent à leur extrémité.

b b. Vaisseaux scalariformes qui composent l'axe ligneux divisé en cinq faisceaux parallèles, verticaux, soudés plus ou moins par leur face interne.

c c. Tissu cellulaire séparant extérieurement les branches des faisceaux recourbés en croissant.

FIG. 2 bis. — La même, grandeur naturelle.

FIG. 3. — Coupe longitudinale d'une tige (gros. 10 fois).

b b. Axe composé de vaisseaux scalariformes.

c c. Tissu cellulaire enveloppant l'axe ligneux et en grande partie détruit.

d d. Tissu cellulaire, les cellules sont pleines de granulations, restes de la substance amylacée.

e. Trace de vaisseaux se rendant à un pétiole.

e'. Pétiole se séparant de la tige principale.

f f. Reste de l'écorce qui recouvrait la tige.

Fig. 4. — Coupe transversale d'une portion de la tige contenant un faisceau vasculaire.

d d. Tissu cellulaire de la tige rempli de granulations.

i i. Tissu formé de cellules à parois minces et à section hexagonale (tissu protecteur) entourant le faisceau pétiolaire.

n. Faisceau pétiolaire formé d'un seul rang de vaisseaux et disposé sous la forme d'une ellipse.

Fig. 5. — Coupe longitudinale d'une portion de tige (gros. 110 diam.).

b. Vaisseaux scalariformes composant l'axe ligneux central.

c. Cellules ovoïdes ou prismatiques formant l'enveloppe peu résistante qui entoure l'axe ligneux.

d. Cellules prismatiques à parois plus épaisses qui composent la partie extérieure de la tige et autrefois remplies pour la plupart de grains de fécule.

Fig. 6. — Coupe longitudinale de la partie externe de la tige. (gros. 110 d.).

d d. Portion du tissu cellulaire formant la partie externe de la tige et rempli de grains amylacés avant la fossilisation.

e e. Cellules plus extérieures que les précédentes qui s'allongent de plus en plus en se rapprochant de l'écorce.

f f. Cellules fibreuses ou corticales.

g. Cellules épidermiques.

h. Silice amorphe empâtant l'échantillon.

Fig. 7. — Coupe transversale d'une portion de tige et d'un pétiole (grossie 10 fois).

b b. Axe ligneux central, formé comme nous l'avons vu de vaisseaux scalariformes.

c c. Tissu cellulaire détruit.

d d. Tissu cellulaire extérieur à granulations amylacées ?

h. Pétiole juxtaposé à la tige, n'en dépendant pas nécessairement, mais son orientation déduite de la position des deux régions d'où partent les faisceaux vasculaires qui se rendent aux subdivisions de la fronde, est telle que la gouttière *r* ne doit pas être tournée du côté de la tige mais se trouver dans une situation conforme à celle qu'elle occupe dans la figure.

o o. Gaîne colorée entourant le faisceau central.

p p. Lacunes ou cellules volumineuses peut-être remplies autrefois de substance gommeuse.

r. Gouttière ou sillon longitudinal occupant la partie inférieure du pétiole, à l'inverse des fougères vivantes.

FIG. 8. — Coupe transversale d'un pétiole encore contenu dans le tissu de la tige, mais situé sur les bords extérieurs en *c'* (fig. 1).

Le cercle vasculaire *n* s'est déjà fendu du côté de l'axe de la tige.

d d. Tissu amylacé appartenant à la tige.

i i. Tissu cellulaire entourant le faisceau vasculaire.

n. Faisceau vasculaire central. Ce faisceau a déjà pris la forme caractéristique de celui des *anachoropteris*, cependant les bords ne sont pas encore enroulés en spirale.

o o. Gaîne colorée entourant le faisceau vasculaire central.

PLANCHE XXII. — PÉTIOLE D'*ANACHOROPTERIS PULCHRA*.

FIG. 1. — Coupe transversale d'un pétiole d'*anachoropteris pulchra*; comme je l'ai déjà indiqué, la figure montre que la gouttière *a* est placée à la face inférieure du pétiole.

Les mêmes lettres désignent les mêmes parties sur les deux figures 1 et 2.

FIG: 2. — Coupe longitudinale d'une portion du même échantillon.

a. Fibres corticales.

b. Cellules à parois épaisses, on voit les canalicules qui les traversaient; l'intérieur est rempli de silice colorée.

c. Tissu détruit, probablement le tissu protecteur qui entoure en général les faisceaux vasculaires.

d. Gros vaisseaux poreux remplis de cellules.

e. Vaisseau scalariforme.

f, g. Région cellulaire, dépendance de la gaine protectrice mal conservée.

h. Fibres libériennes occupant la partie centrale du pétiole entourée par les spires du faisceau vasculaire (voy. fig. 1).

i, k. Région cellulaire, dépendance de la gaine protectrice mal conservée.

l. Gros vaisseaux poreux semblables à ceux vus en *d*, également remplis de cellules.

n. Milieu de la coupe du pétiole occupé par des cellules à parois épaisses et des fibres libériennes de même nature que celles désignées sous les lettres *b* et *h*.

o. Gros vaisseau poreux rempli de cellules.

Comme toutes les parties sont symétriques, on retrouverait en continuant et en ordre inverse tous les tissus que je viens de signaler.

Fig. 3. — Vaisseau dont la coupe transversale présente un bord crénelé par suite de la section des pores.

Fig. 4. — Coupe transversale un peu oblique, plus grossie, des gros vaisseaux ponctués montrant les cellules *b* qui les remplissent en grande partie.

a. Portion où le tissu cellulaire n'existe pas.

c. Portion de la paroi poreuse vue obliquement.

Fig. 5. — Coupe transversale des cellules à parois épaisses de la zone externe *a* et *b* des figures 1 et 2; elles sont fortement incrustées et la partie centrale seule est vide.

Différents pétioles de fougères, appartenant à des genres différents de ceux que nous venons d'étudier, ont été rencontrés dans les gisements silicifiés d'Autun, tels que :

> *Selenochlaena,* Corda.
> *Protopteris,* Sternb.
> *Selenopteris,* Corda.
> *Hawlea,* Corda.

Il en existe d'autres qui n'ont pas encore été indiqués, mais comme les tiges qui les ont portés me sont inconnues, je n'entrerai pas maintenant dans leur description.

Cependant, qu'il me soit permis de signaler deux d'entre eux, à cause de la particularité des plus intéressantes qu'ils offrent de porter chacun des pinnules encore attachées au rameau.

Le premier de ces pétioles, de 1mm2 dans son plus grand diamètre et de 0mm8 suivant le plus petit, porte une pinnule insérée subperpendiculairement et adhérente par toute sa base; la surface est un peu concave en dessous, sa largeur est de 5 millimètres, les nervures sont fortement marquées, la nervure médiane reste droite sur une longueur de 6 millimètres que l'on a pu observer.

Les nervures secondaires sont simples, obliques par rapport à la nervure principale et très apparentes. Cette pinnule se rapporte assez bien à celle du *pecopteris arguta.*

La section transversale du pétiole présente la forme signalée par M. Williamson dans l'espèce qu'il a désignée sous le nom de *rachiopteris oldhamia* (fig. 21, pl. LII, loc. cit.).

La section du pétiole est elliptique, marqué à sa surface de fines côtes saillantes; la partie supérieure est creusée d'un léger sillon.

Le faisceau vasculaire central est unique; sa forme est celle d'un quadrilatère à côtés concaves, plus large que haut, et rappelle celui des *adiantum* ou des *asplenium* pris dans les plus petits rameaux.

Des deux angles supérieurs du quadrilatère s'échappent, à droite et à gauche, les faisceaux vasculaires qui se rendent aux pinnules, c'est dans cette partie que l'on rencontre les vaisseaux scalariformes et les trachées. Le reste du faisceau vasculaire paraît formé de vaisseaux poreux ou réticulés.

L'autre pétiole appartient à un genre mieux limité, c'est celui des *nevropteris.*

Dans un rapport sur un mémoire de M. Grand'Eury (*Flore carbonifère du département de la Loire*), M. Brongniart dit : Tout semble s'accorder pour nous prouver que les *odontopteris*, et probablement aussi les *nevropteris* qui leur sont si étroitement liés, sont des fougères de la tribu des marattiées, dont les espèces actuellement vivantes se rapprochent du reste de ces genres anciens, par leur port et par la dimension gigantesque de leur fronde.

Depuis les récentes recherches de M. Grand'Eury on sait que les frondes de ces fougères étaient ce qu'il y a de plus étonnant, d'après l'ensemble de leurs énormes pétioles dénotant par leur grandeur et leurs nombreuses ramifications une étendue qui atteignait, sans exagération, une longueur de dix mètres.

Sous le nom de *myelopteris radiata* et sous celui de *myelopteris Landriotii*, j'ai fait connaître [1] la structure anatomique complète de divers pétioles, structure qui ne laisse aucun doute sur l'existence, à l'époque houillère, de plusieurs groupes de fougères appartenant à la famille des marattiées, mais dont l'organisation était plus compliquée.

Un échantillon silicifié que j'ai trouvé à Autun m'a offert la possibilité d'établir la dépendance de l'une des espèces de *myelopteris* abondamment répandue dans les gisements d'Autun et de Saint-Étienne, et des empreintes de fougères du genre *nevropteris* qui y sont également communes.

Cet échantillon présentait trois fragments de pinnules de *nevropteris* adhérents à un pétiole de *myelopteris*.

---

[1] *Mémoires présentés par divers savants étrangers à l'Académie*, t. XXII, 1875.

Sur une section transversale du pétiole qui est légèrement aplati, on peut reconnaître les faisceaux vasculaires isolés au milieu du tissu cellulaire et caractéristiques des pétioles de *myelopteris*. En un point de la
périphérie, j'ai cru reconnaître la disposition radiée
des faisceaux fibreux de l'écorce qui distingue l'espèce
que j'ai désignée sous le nom de *myelopteris radiata*.

Des trois pinnules qui étaient adhérentes au pétiole,
une seule est assez complète ; les deux autres, en partie
brisées, sont placées du côté opposé à la première, et
contiguës entre elles sans pourtant se toucher.

La longueur des pinnules est d'environ 10 à 11 millimètres, leur plus grande largeur de 7 à 8..

La nervure médiane, assez peu marquée, se répand
en nervures fines, nombreuses, plusieurs fois bifurquées ; toutes les nervures secondaires s'échappent plus
ou moins obliquement de la nervure médiane, *aucune
du rachis*.

L'ensemble de la nervation rappelle celle du *nevropteris cordata*, mais les pinnules, très légèrement recourbées en faux, sont plus obtuses et soudées en partie au
rachis par leur bord inférieur.

On voit donc que certains *myelopteris* ont porté des
pinnules de *nevropteris* et que ce dernier genre doit
être regardé, avec plus de certitude que par le passé,
comme venant se ranger dans la famille agrandie des
marattiées.

Pour résumer ce chapitre consacré à quelques plantes
qui appartiennent à la classe des filicinées, nous dirons
donc que les ophioglossées semblent avoir été primitivement représentées par les genres *zygopteris*, *botryopteris*,
et quelques autres qui restent à décrire et que je range
dans une section particulière désignée sous le nom de

botryoptéridées, parce que des différences sensibles ne permettent pas de les placer sans restrictions dans la famille des ophioglossées, à côté des *helminthostachys* et des *botrychium*.

De même les osmondées qui renferment actuellement les *osmondes* et les *todea*, ont bien pu être précédées par les *anachoropteris*, dont les pétioles offrent une analogie très grande et par la forme du faisceau vasculaire unique qui s'enroule en spirale à ses deux extrémités, et par le lieu d'origine des faisceaux secondaires qui s'en détachent pour se porter dans les subdivisions de la fronde.

Enfin, avec une certitude bien plus grande, on peut admettre l'existence des marattiées dans le terrain houiller, puisque j'ai rencontré des pétioles de *myelopteris radiata* présentant une structure identique à celle des pétioles de marattiée, et encore ornés de pinnules de *nevropteris*. On sait d'un autre côté que les *odontopteris*, si voisins des *nevropteris*, portaient des fructifications disposées exactement comme celles des *angiopteris*.

CLASSE DES LYCOPODIACÉES

Les lycopodiacées ont été divisées comme l'on sait en deux familles, l'une comprenant les genres *lycopodium, tmesipteris, psilotum, phylloglossum*, qui ne possèdent qu'une seule espèce de spores (microspores) ; l'autre renfermant les genres *selaginella* et *isoëtes* ou l'on en rencontre de deux natures différentes (microspores et macrospores).

Toutes ces plantes sont herbacées, de dimensions médiocres. Les lycopodiacées fossiles, au contraire, comprennent de nombreuses espèces arborescentes (lépidodendrées).

Les faisceaux vasculaires que l'on rencontre dans la tige des sélaginelles sont aplatis, formés extérieurement et principalement vers les extrémités des bandes, de vaisseaux scalariformes très petits et de trachées, et intérieurement de gros vaisseaux scalariformes. Les faisceaux vasculaires qui partent des bords extérieurs des faisceaux de l'axe sont simples et formés de fibres rayées et spiralées.

Dans les lycopodes, les faisceaux vasculaires, en nombre très variable, sont réunis dans un cylindre de parenchyme serré, à section le plus souvent lunulée, les deux cornes du croissant tournées vers l'extérieur et occupées par des fibres rayées et spiralées ; ces bandes vasculaires sont séparées les unes des autres par des cellules poreuses.

Dans les *psilotum* et les *tmesipteris*, les faisceaux ligneux forment un cylindre continu autour d'une moelle centrale, et à l'extérieur de ce cylindre, en des points déterminés mais variables en nombre, se trouvent des fibres rayées plus petites et des trachées d'où partent les faisceaux vasculaires qui se rendent aux feuilles.

Jusque à présent c'est à cette forme générale de tige qu'appartiennent celle des végétaux fossiles que l'on rapporte à la classe des *lycopodiacées*.

Sur une coupe transversale du *lepidodendron Harcourtii* décrit dans l'ouvrage classique de Hutton et Lindley et le mémoire de M. Brongniart sur le même sujet, on remarque en dehors du cylindre ligneux, formé de gros vaisseaux scalariformes, une zone étroite de fibres rayées et spiralées, beaucoup plus petites; ces fibres en se réunissant alternativement forment les faisceaux qui s'en détachent et se portent obliquement vers les feuilles.

La forme de tige des *sélaginelles* et celle des *lycopodium* n'ont pas encore été rencontrées à l'état fossile, avec leur structure conservée; on a des empreintes qui semblent se rapporter à l'un et à l'autre de ces deux genres, mais sans que l'on soit certain de l'identité de structure interne.

On comprendra dès lors facilement tout l'intérêt qui s'attache à l'étude de deux petites tiges dont la structure rappelle entièrement celle des plantes vivantes qui composent le genre *lycopodium*.

On pouvait se demander en effet si les lycopodes de l'époque houillère étaient construits sur un seul type de tige et variaient seulement dans leur grandeur, leur ramification et leurs feuilles, ou bien si les genres vivants, *selaginelle, lycopodium,* etc., étaient déjà représentés, non-seulement dans leur port, mais encore dans la structure anatomique des rameaux et des tiges ; cette dernière question a été résolue par l'affirmative.

On peut donc espérer que les gisements silicifiés d'Autun et de Saint-Étienne fourniront un jour les moyens de démontrer, d'une manière indubitable, l'existence, à cette époque reculée, du genre *selaginella,* ainsi que du genre *equisetum,* dont on a déjà des empreintes très voisines sinon identiques. Nous avons déjà constaté l'absence de ce dernier genre au milieu d'autres débris assez nombreux se rapportant aux équisétinées (*annularia, asterophyllites,* etc.), mais qui ne peuvent pas être confondus avec les plantes qui forment le genre *equisetum.*

Les caractères de la famille des lycopodiacées sont comme on sait :

Lycopodieæ (Linn.)

« Plantæ herbaceæ, foliis persistentibus ; sporangiis obcordatis bivalvibus. »

Ceux du genre lycopode :

Lycopodium (Linn.).

« Plantæ herbaceæ, foliis homo-morphis, spicis fertilibus cylindraceis ; sporis in statu fossili ignotis. »

Les espèces appartenant à ce genre énuméré par M. Schimper sont : [1]

Lycopodium leptostachys (Goldenberg), terrain houiller de Saarbruck.

---

1. Schimper, *Paléontol. végétale,* t. II, p. 10.

Lycopodium elongatum (Goldenberg), même terrain.

Lycopodium denticulatum (Goldenberg), même terrain.

Ces espèces ont toutes été rencontrées seulement à l'état d'empreintes.

Les tiges décrites par Unger [1] sous les noms de *arctopodium insigne* et de *arctopodium radiatum* sont trop mal conservées pour que l'on puisse être certain qu'elles présentent la structure soit des sélaginelles, soit des lycopodes, et même qu'elles n'appartiennent pas à un tout autre genre que ceux-ci.

Les deux petits échantillons dont je vais donner la description ont été trouvés dans les rognons siliceux des environs d'Autun ; de la grosseur d'un tuyau de plume, c'est vraisemblablement par suite de cette petitesse que différentes parties du végétal, telles que la tige et l'écorce qu'il est bien rare de trouver réunies ensemble dans un même échantillon, doivent d'avoir été conservées jusqu'à nous.

LYCOPODIUM PUNCTATUM (B. REN.)
PLANCHES XXIII ET XXIV.

La fig. 1, pl. XXIII, qui représente une coupe transversale, permet de se rendre compte de la disposition relative des différentes parties qui composent la tige ; au centre se trouve une masse de tissu cellulaire, *b b*, dont les éléments ont des formes variables à cause de leur pression mutuelle, et à cause de celle des vaisseaux volumineux dont on voit les orifices en *a*.

Ces vaisseaux réunis par groupes plus ou moins nombreux ou disséminés dans la masse du tissu cellulaire

---

1. Unger, *Beit. zur Palæont. thuringer waldes.* tab. XII, f. 12.

précédent, rappellent dans leur coupe transversale la disposition offerte par beaucoup de lycopodes, *Lycop. cernuum, Lycop. phlegmaria, Lycop. mirabile*, etc., etc.

La figure 3, faite à un grossissement de 35 diamètres, et mieux encore la figure 5, permettent de saisir des détails intéressants sur la structure de ces vaisseaux ; aux points de contact entre eux, la section de leurs parois montre des bandes brunes : ces lignes foncées sont autant de perforations qui mettaient ces vaisseaux en communication. Les petits tubes résultant de ces perforations ne sont pas cylindriques, mais vont en s'évasant en entonnoir en arrivant à la surface interne ou externe de chaque vaisseau ; il en résulte nécessairement que, comme les ouvertures se correspondent dans deux vaisseaux en contact, il doit exister, là où deux tubes se touchent, une petite cavité lenticulaire qu'on peut distinguer fig. 5, en *a'*. Cette structure particulière des vaisseaux rappelle celle des fibres ponctuées des conifères ; l'analogie est rendue encore plus frappante si l'on se reporte à la figure 7 qui est une coupe longitudinale, intéressant quelques-uns de ces vaisseaux en même temps que quelques cellules environnantes.

La paroi de ces vaisseaux se montre avec des aréoles hexagonales dont la majeure partie offre à son centre un espace brun correspondant aux perforations dont il vient d'être question.

Le nombre des aréoles sur la paroi du vaisseau dépend de la largeur de la portion par laquelle il se trouve en contact avec son voisin, leur forme hexagonale résulte du rapprochement des ponctuations.

Il n'y a pas lieu de tenir compte par conséquent du nombre des rangées verticales des ponctuations, pour servir à un classement ultérieur, dans le cas où des espèces nouvelles de lycopodiacées à ponctuations aréolées seraient rencontrées de nouveau.

Le tissu cellulaire qui sépare ces faisceaux vasculaires est formé de cellules de dimensions et de formes variables (*b b'*, fig. 7), mais toutes munies de pores.

Dans la partie des vaisseaux en contact avec les cellules, on retrouve bien les aréoles hexagonales (fig. 7, *a'*), mais sans indice de ponctuation centrale. Dans les conifères, on sait que les ponctuations existent dans les fibres du côté des fibres ligneuses qui correspondent aux rayons médullaires ; les aréoles hexagonales des vaisseaux du côté des cellules (*a'*, fig. 7) sont plus petites que celles qui se trouvent du côté des vaisseaux.

En dehors de cette portion celluloso-vasculaire de la tige que je viens de décrire, on rencontre une zone (*c*, fig. 1) qui entoure la partie centrale ; elle est formée de cellules plus serrées et plus régulières que celles qui composent le parenchyme du centre de la tige ; leur section transversale et longitudinale (fig. 3 et 4, *c*) est sensiblement rectangulaire, et leur arrangement offre une certaine régularité : il est possible qu'en vieillissant elles s'allongent, s'épaississent et qu'elles puissent former alors une première enveloppe plus ou moins résistante autour de l'axe.

Ce tissu est traversé par un nombre assez considérable de cellules allongées (*d*, fig. 2, 3, 4) dans le sens transversal et qui vont du centre à la circonférence. Ces cellules accompagnent les faisceaux vasculaires qui se rendent aux feuilles, et l'on peut les suivre jusqu'à une petite distance à travers le tissu cellulaire extérieur (fig. 4).

La figure 1 offre quatorze de ces faisceaux ; les figures

2 et 4 faites d'après des coupes longitudinales, et qui rencontrent les faisceaux des feuilles en *d d*, sensiblement sur une même verticale et à une distance assez rapprochée, indiquent que les *verticilles* des feuilles étaient rapprochés.

Cette disposition en verticille des feuilles sur les tiges de nos deux échantillons de lycopodes fossiles est à remarquer, car elle indiquerait une constance qu'on est loin de remarquer dans les lycopodes vivants, qui dévieraient beaucoup plus, sous ce rapport, de leur organisation primitive.

Les faisceaux foliaires, avant d'arriver à l'écorce, étaient obligés de traverser une épaisseur de tissu cellulaire relativement assez considérable; quelques parties de ce tissu ont été conservées (*e e*, fig. 1) presque jusque vers l'écorce, il paraît assez lâche et moins résistant que celui qui avoisine cette dernière.

Ce tissu est également parcouru, non plus horizontalement, mais verticalement, par des faisceaux vasculaires (*g g*, fig. 1) qui sont, sans aucun doute, des faisceaux qui circulaient entre l'axe ligneux et l'écorce pendant un certain temps avant de se rendre dans les racines, comme on l'observe dans beaucoup de lycopodes actuels.

On voit (fig. 4) la coupe transversale de l'une de ces racines au centre *g*, des faisceaux vasculaires groupés plus ou moins régulièrement en forme d'étoile à cinq rayons.

Sur la figure 6, en *h*, *g*, on reconnaît que la coupe longitudinale de cette racine présente des vaisseaux scalariformes et des vaisseaux aréolés semblables à ceux de l'axe ; en *g*" (fig. 4), le tissu cellulaire qui entoure le faisceau vasculaire des racines est plus coloré et formera plus tard la partie corticale extérieure de la racine.

La tige de ce lycopode est entourée par une écorce dont les parties disjointes se voient dans la figure 1, *f f*.

La figure 4 en présente une portion plus grossie, la partie *f'*, formée de fibres, est très peu épaisse, et comme c'est la partie la plus résistante, cela explique la rareté de l'écorce dans la plupart des échantillons fossiles ; on peut remarquer en outre que le tissu cellulaire sous-jacent, épais, mais peu résistant, devait se dessécher ou se détruire rapidement et laisser des vides, de façon à déterminer la séparation de l'axe d'avec la partie la plus extérieure ou corticale, surtout si cette séparation était encore favorisée par les racines plus ou moins nombreuses qui descendaient entre ces deux parties du végétal.

En dehors du cercle formé par l'écorce, on remarque, fig. 1, en *h*, une racine à faisceaux franchement étoilés ; n'ayant pu établir sûrement les rapports de cette racine extérieure à l'écorce avec la tige étudiée, je ne fais que l'indiquer.

D'après ce qui précède, je crois donc qu'il ne peut s'élever aucun doute sur la détermination générique du végétal décrit ; car il offre tous les caractères essentiels des *lycopodium*, et cela dans un état de réunion et de conservation assez rares.

Quant à la détermination spécifique, n'ayant pas eu la possibilité de constater les feuilles, elle est naturellement impossible puisque les *lycopodium* fossiles connus jusqu'à présent ne le sont qu'à l'état d'empreinte.

La plupart des lycopodes vivants ont les gros vaisseaux de la tige scalariformes ; cependant cette organisation n'est pas absolue, car certains lycopodes, comme par exemple le *lycopodium pachystachyum,* présentent sur la paroi des gros vaisseaux des ponctuations aréolées [1] semblables à celles du *lycopodium punctatum,* établissant ainsi un lien de plus entre les lycopodes vivants et les lycopodes fossiles ; du reste l'on sait [2] que certains genres de la famille des lycopodiacées ont normalement le tissu ligneux formé de vaisseaux dont les ponctuations rappellent celles des fibres des conifères. Mais ces ouvertures existent tout autour des vaisseaux, tandis que dans notre plante les ponctuations ne paraissent exister que du côté appliqué contre des vaisseaux semblables.

LYCOPODIUM RENAULTII (AD. BR.)
PLANCHE XXV.

L'espèce que je vais décrire a été trouvée comme la précédente dans les magmas silicifiés d'Autun, à peu près de la même grosseur ; elle n'excédait en rien, par conséquent, la taille d'un très grand nombre de nos lycopodes actuels. Elle forme une espèce distincte de la précédente par les détails de structure que je vais faire connaître.

Dans le *lycopodium punctatum* on a vu que les gros vaisseaux de l'axe présentaient sur leurs parois en contact, des aréoles hexagonales percées à leur centre de ponctuations analogues à celles de certains conifères ; mais que du côté du tissu cellulaire les aréoles hexagonales ne sont pas accompagnées de ponctuations ; qu'en dehors de l'axe ligneux il existait une zone de tissu

---

1. Ces ponctuations aréolées sont circulaires et non hexagonales dans ce lycopode, parce qu'elles sont moins serrées que dans l'échantillon fossile.
2. Brong. *Hist. végét. fossiles,* t. II, pl. 11.

cellulaire plus serré et traversé horizontalement par les faisceaux vasculaires se rendant aux feuilles, tandis que la portion extérieure de ce même tissu plus lâche, moins résistante, en grande partie détruite, était parcourue verticalement par des faisceaux vasculaires se rendant aux racines.

La nouvelle tige avait 5 à 6 millimètres de diamètre. Sa surface environnée de silice n'a présenté aucune trace de feuilles. Voici les parties que son état de conservation a permis d'étudier :

Au centre de la tige, on remarque (fig. 1 *bis*, pl. xxv) l'axe ligneux de 2 millimètres de diamètre environ. Cet axe est formé de larges vaisseaux, *a a*, isolés ou groupés irrégulièrement, inégaux, et dont la coupe transversale, uniforme sur les bords, diffère d'aspect de celle fournie par les vaisseaux de la première espèce qui présentaient des canalicules produits par les ponctuations.

La figure 2, *a a*, montre en effet la section des parois vasculaires unie et non perforée, ce qui devient encore plus évident si l'on se reporte aux figures 4 et 5 qui sont des coupes longitudinales de ces mêmes vaisseaux; nous n'avons donc ici que des vaisseaux à aréoles hexagonales, sans trace de perforation à leur centre.

Les vaisseaux ligneux sont plongés dans une masse de tissu cellulaire dont les mailles sont inégales, *b b*; ils sont plus nombreux, plus petits et groupés plus irrégulièrement que dans l'espèce précédente, le tissu cellulaire qui entoure ces faisceaux n'y prend pas un aspect compact et serré; je n'ai pas non plus remarqué que cette portion extérieure fût traversée par des faisceaux se dirigeant horizontalement vers les feuilles, mais cela peut tenir à ce que la coupe passe entre deux verticilles.

Dans la partie extérieure du tissu cellulaire qui entoure l'axe ligneux, on remarque des agglomérations de vaisseaux scalariformes (fig. 1, 2, 5, *c c*) ne formant pas autour de l'axe une zone circulaire continue mais des groupes isolés, probablement ce sont des faisceaux vasculaires qui s'élevaient verticalement quelque temps dans ce tissu cellulaire avant de se diriger horizontalement vers les feuilles. L'exiguité de l'échantillon ne m'a pas permis de faire des coupes suffisamment nombreuses pour résoudre cette question.

Entre l'axe et l'écorce se trouvait un tissu délicat (fig. 1, *e;* fig. 4, *o*) presque partout détruit.

Il est vraisemblable qu'il était parcouru par des faisceaux radiculaires, de moins en moins nombreux à mesure qu'il se rapprochait du sommet du végétal; la portion de la tige devait appartenir à cette région, car il n'y a pas d'autre agglomération vasculaire qui pourrait se rapporter à des racines que celle désignée par *d* (fig. 1) et par *h* (fig. 4).

Le tissu dont on voit quelques éléments en *o* (fig. 4) était parcouru presque horizontalement par des faisceaux vasculaires qui se rendaient aux feuilles, on en voit les indications fig. 4, *i i.*

Enfin à l'extérieur on reconnaît une zone corticale formée de cellules plus allongées (*f f*, fig. 3 et 4) et qui envoie des prolongements dans le tissu extérieur de l'écorce (fig. 1 et 3, *g g*).

Telles sont les deux premières tiges de lycopode trouvées avec leur tissu conservé; il est à regretter que le peu de longueur des échantillons et l'état incomplet des tissus n'aient pas permis une étude plus étendue et plus approfondie.

EXPLICATION DES PLANCHES

DU LYCOPODIUM PUNCTATUM.

PLANCHES XXIII ET XXIV.

FIGURE 1. — Coupe transversale de la tige (grossie 11 fois).

a. Faisceaux vasculaires à ponctuations aréolées.

La forme des faisceaux varie d'une manière notable sur la coupe ; tantôt ils n'ont qu'un seul gros vaisseau, tantôt ils sont composés de plusieurs qui adoptent fréquemment la forme de croissant, dont les extrémités formées d'éléments plus petits sont tournées vers la périphérie.

b. Tissu cellulaire formé de cellules irrégulières, poreuses, qui séparent les faisceaux.

c. Tissu cellulaire plus compact formant une espèce de gaine autour de l'axe ligneux ; dans certaines régions on peut reconnaître un arrangement régulier, presque rayonnant, dû vraisemblablement au passage des faisceaux vasculaires qui se rendent aux feuilles.

d d. Faisceaux celluloso-vasculaires se rendant aux feuilles et traversant la zone précédente avant de passer à travers l'écorce.

e e. Tissu cellulaire en partie détruit s'étendant jusqu'à l'écorce.

g g. Racines plongées dans le parenchyme précédent et descendant parallèlement à l'axe du végétal.

f f. Différents fragments d'écorce séparés lors de la silicification, mais constituant une enveloppe distincte.

h. Racine située en dehors de l'écorce.

FIG. 2. — Coupe longitudinale de la même tige.

a a. Vaisseaux à ponctuations aréolées.

b b. Tissu cellulaire qui les sépare.

d d. Faisceaux vasculaires des feuilles rencontrés par la coupe longitudinale.

f f. Portion de l'écorce où l'on remarque deux tissus différents, un tissu cellulaire et un tissu fibreux.

Fɪɢ. 3. — Coupe transversale d'une portion centrale de la tige (grossie 35 fois).

a a. Gros vaisseaux à ponctuations aréolées, sur les parois on distingue les petits canaux qui faisaient communiquer entre elles les cavités des vaisseaux.

b b. Tissu cellulaire qui sépare les faisceaux vasculaires.

c c. Tissu plus serré formé de cellules résistantes, disposées régulièrement et qui constitue une gaîne autour des faisceaux ligneux.

d d. Faisceaux qui se dirigent vers les feuilles.

Fɪɢ. 4. — Coupe transversale d'une portion de tige (gr. 20 fois).

a. Gros vaisseaux ponctués.

b. Tissu cellulaire qui les sépare.

d. Bandes cellulaires qui accompagnent les faisceaux foliaires.

e. Origine du parenchyme qui s'étend jusqu'à la partie fibreuse de l'écorce.

g. Faisceau vasculaire central d'une racine affectant la forme d'une étoile irrégulière.

g'. Partie cellulaire qui entoure ce faisceau central.

g''. Partie cellulaire plus dense, servant d'écorce à la racine.

m. Zone composée de cellules plus volumineuses que celles désignées par c, qui offrent une section rectangulaire.

Fɪɢ. 5. — Coupe transversale de vaisseaux (grossie 120 fois).

a a. Vaisseaux aréolés et ponctués.

a' a'. Canalicules mettant en communication deux vaisseaux en contact et se correspondant dans chacun d'eux. On peut remarquer la cavité lenticulaire formée par l'extrémité élargie de deux canalicules juxtaposés.

Fɪɢ. 6. — Coupe longitudinale d'une portion de tige (gross. 35 fois).

a. Vaisseau aréolé de l'axe de la tige.

c. Enveloppe de cellules à section rectangulaire, situées à l'extérieur du cylindre ligneux et disposées en rangées assez régulières.

m. Couche de cellules plus ou moins arrondies irrégulières qui s'étendent jusqu'à l'écorce.

g, h. Coupe longitudinale d'une racine où l'on distingue quelques vaisseaux scalariformes et ponctués.

e e. Restes du tissu cellulaire traversé par les faisceaux foliaires *d d.*

f f. Écorce formée de deux couches, l'une plus intérieure composée de cellules allongées et à section rectangulaire, l'autre plus extérieure, fibreuse, formée de cellules libériennes.

Fig. 7. — Coupe longitudinale d'une partie de l'axe ligneux.

a a. Vaisseaux à ponctuations aréolées, les aréoles sont hexagonales à cause de leur pression mutuelle ; la partie centrale plus sombre est le canal qui réunissait les cavités des deux vaisseaux en contact.

a' a'. Face des vaisseaux précédents tournée du côté des cellules et simplement aréolés sans ponctuations.

b b'. Cellules de différentes grandeurs qui séparent les faisceaux ligneux ; leurs parois sont finement ponctuées.

PLANCHE XXV. — *LYCOPODIUM RENAULTII* (Ad. Br.)

Fig. 1. — Coupe transversale de la tige du *lycopodium Renaultii* (grandeur naturelle).

Fig. 1 *bis.* — Même coupe (grossie 14 fois).

a. Vaisseaux aréolés sans ponctuations, plus petits et plus nombreux que dans l'espèce précédente.

b b. Cellules intra-vasculaires formant le parenchyme dans lequel sont plongés les faisceaux *a a.*

c c. Groupes de vaisseaux scalariformes placés en dehors du cylindre ligneux et qui probablement se dirigent vers les feuilles.

d. Coupe transversale d'un faisceau radiculaire ?

e e. Tissu lâche et délicat existant entre l'axe ligneux et l'écorce.

f. Partie formée de cellules allongées envoyant des prolongements en forme de dentelures, *g g*, dans la partie plus extérieure de l'écorce.

Fig. 2. — Coupe transversale d'une partie de l'axe (35 d.).

a. Faisceaux vasculaires formés de vaisseaux aréolés de dimensions irrégulières, leurs parois sont fortement incrustées.

b b. Cellules intra-vasculaires.

c c. Faisceaux formés essentiellement de vaisseaux scalariformes et de quelques vaisseaux aréolés.

Fig. 3. — e. Tissu lâche réunissant le cylindre ligneux et l'écorce.

f. Zone de cellules plus petites, allongées, qui envoie des prolongements g dans le tissu plus extérieur de l'écorce.

h. Partie de l'écorce qui devient de plus en plus fibreuse en s'avançant vers l'extérieur.

Fig. 4. — Coupe longitudinale passant par le milieu de l'axe et l'écorce.

a a. Vaisseaux aréolés sans ponctuations.

b b. Tissu cellulaire placé entre les vaisseaux.

f. Cellules allongées qui forment la zone dont les prolongements s'avancent en forme de dentelures dans l'écorce extérieure.

h. Fibres corticales formant la couche la plus externe de l'écorce.

n. Cellules composant la couche plus interne de l'écorce.

o. Tissu délicat formé de cellules polyédriques ou ovoïdes réunissant l'axe avec la partie corticale, mais dont il ne reste que quelques lambeaux.

i i. Faisceaux vasculaires placés dans un même plan vertical et se dirigeant horizontalement pour se porter vers les feuilles.

Fig. 4'. — Même échantillon (en grandeur naturelle).

Fig. 5. — Coupe longitudinale passant par un groupe de vaisseaux scalariformes et par une portion de l'axe (grossissement 35 diamètres).

a a. Vaisseaux aréolés sans ponctuations centrales, isolés ou par groupes plus ou moins nombreux.

b b. Tissu interstitiel lâche, la conservation n'était pas assez parfaite pour que l'on pût reconnaître si les parois étaient poreuses comme celles du *lycopodium punctatum*, leur forme et leur grandeur varient suivant leur position.

c c. Groupe de vaisseaux scalariformes placés à la périphérie et appartenant soit à une des extrémités des faisceaux ligneux, soit plutôt à une branche déjà détachée de l'un de ces faisceaux et qui doit aboutir à une feuille.

RHIZOCARPÉES

GENRE SPHENOPHYLLUM

Historique. — Le genre *sphenophyllum* établi par M. Brongniart en 1822, sous le nom de *sphenophyllites*, et par Sternberg en 1823, sous celui de *rotularia*, se compose de plantes sans analogues immédiats parmi celles qui vivent de nos jours.

Aussi tour à tour, les voit-on placées par les auteurs qui en ont fait l'objet de leurs études dans les familles les plus différentes par leurs caractères botaniques.

M. Brongniart [1] range les *sphenophyllum* dans sa sixième famille, celle des *marsiliacées*, à côté des pilulaires, ou mieux des *marsilia* dont les feuilles présentent quelque analogie de forme avec celles de certains *sphenophyllum*. Mais il trouve en même temps que ces dernières plantes ont peut-être des rapports plus intimes avec les *ceratophyllum*, à cause de la disposition verticillée et du nombre des feuilles; toutefois il reste indécis entre ces deux rapprochements.

Plus tard [2], cette même disposition verticillée des organes foliaires et la ressemblance des épis fructifiés des *sphenophyllum* avec les organes de même nature

---

1. *Prodrome d'une histoire des végétaux fossiles,* page 67.
2. *Tableau des genres de végétaux fossiles,* page 52.

appartenant aux *astérophyllites,* le déterminent à les comprendre dans la famille des *astérophyllitées.*

Mais cette attribution n'a rien de définitif, car il termine en disant :

« Leur disposition générale annonce des plantes herbacées ou frutescentes aquatiques ; doivent-elles se rapprocher des marsiliacées et des équisétacées, réunissant les folioles triangulaires tronquées au sommet, ou dentées et lobées quelquefois très profondément de quelques *marsilia,* à la disposition verticillaire des feuilles des *equisetum ?* ou, au contraire, seraient-elles, ainsi que les autres *astérophyllitées,* des phanérogames gymnospermes à feuilles verticillées comme celles de certains conifères (mais dans lesquelles les feuilles ne dépassent jamais trois par verticille), et se rapprochant par leur forme de celles du *ginko biloba ?* C'est ce qu'on ne pourra décider que lorsque les fructifications de ces plantes singulières seront étudiées plus complétement.»

Depuis lors plusieurs travaux ont été publiés sur le genre qui nous occupe, l'un des plus importants est sans contredit la monographie de MM. Coëmans et Kickx couronnée par l'Académie royale de Bruxelles et insérée dans les bulletins de cette société (1864).

Nous extrayons de ce mémoire les détails suivants :

« En 1709, J.-J. Scheuchzer décrivit et figura, dans son *Herbarium diluvianum,* une petite plante aux feuilles verticillées et arrondies au sommet, et la compara au *galium mollugo* de nos prairies. C'est la première indication que nous trouvions chez les anciens paléontologistes du genre *sphenophyllum.*

» Quelques années plus tard (1720), la plante de Scheuchzer, d'abord trouvée seulement en Angleterre, fut indiquée aussi en Silésie (Wolkmann, *Silesia subter-ranea*).

» En 1820, Schlotheim créa pour les plantes dont nous nous occupons le genre *palmacites* (*Petrefacten-kunde*, p. 396), qui ne comprenait alors qu'une seule espèce, le *Palm. verticillatus* ou *sphenophyllum schlo-theimii* d'aujourd'hui.

» De 1820 à 1825, le comte de Sternberg publia les quatre premiers fascicules de sa *Flore du monde pri-mitif*; il avait trouvé quelques espèces nouvelles et les décrivit (1823) sous le nom de *rotularia*; les quatre plantes qu'il mentionne se rapportent au *S. schlothei-mii*, au *S. erosum* et à sa variété *saxifragœfolium*, tel qu'on le comprend de nos jours.

» En 1822, M. Brongniart publia sa *Classification des végétaux fossiles*, dans laquelle on trouve la figure d'une belle variété du *S. emarginatum* qu'il range dans sa famille des sphénophyllites. Dans son *Prodrome* (1828), il proposa pour désigner ces plantes le nom de *sphenophyllum* qui est resté dans la science; il y dis-tingue sept espèces : *S. schlotheimii, S. emarginatum, S. truncatum, S. dentatum, S. fimbriatum, S. quadrifi-dum, S. dissectum.*

» La même année (1828), Germar et Kaulfuss firent connaître les *S. oblongifolium* et *dichotomum*; ce der-nier ne constitue pas cependant une véritable espèce.

» Germar en 1837 fit connaître le *S. longifolium*, et en 1845 le *S. angustifolium*.

» Unger, dans son *Genera et species plantarum fossi-lium*, donne la description de quatorze espèces de *sphe-nophyllum* dont onze appartiennent à l'Europe.

» M. Constantin von Ettinsghausen, dans sa *Mono-graphia Calamitarum fossilium in Haiding. Naturw.*

Abhand. n'admet comme espèces distinctes que les *S. emarginatum, S. dichotomum, S. oblongifolium* et *S. schlotheimii* auquel il réunit, comme variétés, toutes les autres espèces.

» La diagnose du genre donnée par MM. Coëmans et Kickx, est : « Plantæ herbaceæ, caulibus simplicibus vel ramosis sulcatis, sulcis internodiorum non alternantibus; articulis inflatis, foliis cuneatis sessilibus, verticillatis nervo medio destitutis; nervulis autem æqualibus dichotomis, spicæ cylindricæ, squamis fructibusque verticillatis. »

» Ainsi caractérisé, le genre *sphenophyllum* forme un groupe très naturel qui mériterait certainement de constituer à lui seul une petite famille bien distincte.

» Sans mentionner les caractères tirés des épis floraux, il s'éloigne des *annularia* et des *asterophyllites* par ses feuilles dépourvues de nervure médiane, tandis que les sillons de la tige, qui n'alternent pas d'un mérithalle à l'autre, permettent de le distinguer des rameaux équisétiformes de l'époque houillère. »

Nous verrons plus loin que la structure anatomique de la tige confirme les conclusions des savants belges; car non-seulement les tiges ou rameaux des *sphenophyllum* diffèrent des tiges ou rameaux d'*annularia* et d'*asterophyllite* par les cannelures de la surface, mais encore par ce fait capital que les premiers ont leur tige creuse ou *cellulaire* à l'intérieur, tandis que celle des *sphenophyllum* est toujours occupée par un axe vasculaire et persistant. On peut donc être surpris de voir, dans certains travaux publiés récemment, confondre ensemble les tiges d'*asterophyllites* et les tiges de *sphenophyllum*.

« Dans la flore actuelle, il n'y a aucun type auquel

on puisse convenablement comparer le genre *spheno-phyllum*.

» Schlotheim le rapproche des palmiers; Lindley et Hutton [1] des conifères et notamment des *salisburia*.

» Karl Muller [2] assimile le *sphenophyllum schlothei-mii* au *phyllocladus trichomanoïdes*.

» Tous ces rapprochements nous paraissent peu naturels; les *sphenophyllum* constituent un type propre à l'époque houillère et sans analogue dans les périodes suivantes.

» Il nous est même impossible de décider si ce groupe de plantes doit être rangé parmi les cryptogames ou parmi les dicotylédones gymnospermes; cette dernière opinion émise par M. Brongniart, dans son travail sur les différentes périodes de végétation qui se sont succédé à la surface du globe [3], se base sur le port de la plante et la nature probable de ses organes de fructification et nous paraît sinon prouvée du moins très vraisemblable. »

M. Schimper [4] ne partage pas les doutes de MM. Coëmans et Kickx sur l'embranchement auquel ces plantes appartiennent. La structure générale de leur tige, dit-il, est celle des *équisétinées*, et celle de leurs épis fructifères rappelle tout à fait l'organisation des chatons de lycopodiacées. Les grains qu'on a observés dans les capsules sont évidemment des sporules; rien n'indique donc une ressemblance directe avec les gymnospermes auxquels ces savants voudraient réunir ces végétaux.

Les *sphenophyllum* étaient des plantes aquatiques,

1. *Fossil flora*, t. I, p. 86.
2. *Bot. zeitung*, 1856, p. 380.
3. *Annales des sciences naturelles*, 1849.
4. *Paléontologie végétale*, 1er vol., p. 337.

ou des plantes de marais, croissant, d'après M. Grand'-Eury, en touffe épaisse, formant des espèces de buissons et pouvant, suivant le milieu et les conditions topographiques, être tout à la fois flottantes, nageantes et aériennes.

Plusieurs espèces, les *S. emarginatum*, *S. saxifragœfolium*, à côté des feuilles typiques en montrent d'autres inférieures et plus ou moins découpées, à peu près comme on l'observe aujourd'hui sur plusieurs espèces du genre *batrachium*. Comme dans ce dernier cas, ces feuilles modifiées des *sphenophyllum* étaient probablement submergées et cette observation nous semble d'une grande valeur pour déterminer le milieu dans lequel vivaient autrefois ces plantes.

« Si le genre *sphenophyllum* est limité d'une manière naturelle, il n'en est pas de même des espèces dont il se compose. La position des épis floraux est certainement de première importance ; mais ce caractère n'est malheureusement applicable qu'à trois espèces, toutes les autres n'ayant été trouvées jusqu'ici qu'à l'état stérile.

» Le nombre des feuilles de chaque verticille et la longueur relative de ces feuilles et des entre-nœuds n'offrent rien de constant. »

Le peu de constance dans le nombre des feuilles sur chaque verticille, signalée par MM. Coëmans et Kickx, peut résulter de la difficulté que l'on rencontre d'en évaluer sûrement le nombre dans les empreintes.

D'un autre côté, M. Grand'Eury dit [1] : « Un examen attentif de beaucoup de ces plantes m'a appris que le nombre de feuilles est un multiple de 3, qu'il peut être

[1]. *Flore carbonifère du départ. de la Loire*, p. 49.

de 6, 9, 12, et sans doute aussi 18, que les *sphenophyl-lum* forment deux séries d'espèces, l'une où les verti-cilles se composent toujours de six feuilles biséquées, ayant deux nervures à la base et naissant de tiges lar-gement sillonnées; l'autre où les feuilles, en nombre variable des tiges aux branches, ont une seule nervure • radicale et correspondent sur la tige à autant de petites côtes. »

L'étude anatomique de coupes transversales faites à la hauteur des nœuds, sur d'assez nombreux échantil-lons, et qui permettent de reconnaître avec certitude le nombre des feuilles et celui des faisceaux vasculaires qui pénètrent à la base de chacune, a montré que pour un nombre constant de feuilles, 6 par exemple, celui des faisceaux vasculaires était 12 et 18, correspondant à 3 ou 4 nervures et à autant de divisions profondes de la feuille.

Si les divisions se prolongent jusqu'à la base de chaque feuille, ce qui arrive souvent pour les feuilles inférieures, la même espèce de 6 feuilles en présentera à la fois 6, 12 et 18; 6 à la partie supérieure de la plante et 12 et 18 à la partie inférieure.

Les caractères qui ont paru les plus constants à MM. Coëmans et Kickx sont la forme des feuilles et la nature de leurs bords.

Le nombre des nervures pris au sommet de la feuille coïncide toujours avec celui des dents.

En dehors des six espèces suivantes, ils croient que le genre *sphenophyllum* ne possède pas d'autre repré-sentant en Europe.

Je rapporterai ici la diagnose de ces espèces, car on comprend facilement toute l'importance qu'il y aurait à pouvoir identifier quelques-unes de ces espèces avec les tiges de *sphenophyllum* munis de leurs feuilles, dont je donnerai plus loin la description.

Ire ESPÈCE. — *Sphenophyllum schlotheimii* (Brong.).

« Foliis integris, late cuneatis, apice obtusissime rotundatis, leviter crenatis, nervis numerosis (15-20 raro 25-30) ad basim in nervum unicum non confluentibus ; verticillis 6-9 phyllis ; spicis axillaribus, verticillis spicarum normaliter hexacarpis. »

Je ferai remarquer que les échantillons, types du *Sp. schlotheimii*, ont une nervure radicale unique qui se subdivise déchotomiquement jusqu'à la marge.

IIe ESPÈCE. — *Sphenophyllum emarginatum* (Brong.).

« Foliis angustioribus, arcte cuneatis, integris, truncatis, obtuse dentalis, nervis haud numerosis (8-12), ad folii basim confluentibus, verticillis 6-9 phyllis. Spicæ nondum repertæ. »

Si les nervures sont confluentes à la base, comme le disent les auteurs, elles ne se soudent probablement pas en une seule.

IIIe ESPÈCE. — *Sphenophyllum longifolium* (Germar).

« Caule crassiusculo ; foliis magnis (2, 3 vel 4 cent. longis), elongato cuneatis, aliquando magis dilatatis, apice bifidis, lobis indivisis, vel fissis, dentatis ; dentibus validiusculis, ovato lanceolatis, acutiusculis ; nervis numerosis (14-20), ad basim non confluentibus ; verticillis (6-9) phyllis. Spicæ nondum repertæ. »

Dans cette espèce comme dans les *sphenophyllum* précédents, les feuilles inférieures sont profondément découpées et présentent ainsi deux formes distinctes comme les *batrachium*, quelques *ombellifères* et d'autres plantes aquatiques de la flore actuelle.

IVe ESPÈCE. — *Sphenophyllum erosum* (Lindl. et Hutton).

« Foliis latiusculis, integris apice truncatis et dentatis, dentibus regularibus brevibus et acutis ; nervis haud numerosis (6-12), ad basim folii confluentibus ; verticillis 6-12 phyllis, spicæ ignotæ. »

La variété *S. saxifragæfolium* Sternb., très commune, est rangée de même que l'espèce type par M. Grand'-Eury dans la deuxième série des *sphenophyllum;* celle qui renferme les *sphenophyllum* à feuilles ayant deux nervures radicales, ses caractères sont :

« S. foliis angustioribus et magis elongatis, apice profunde dentatis vel fissis, dentibus segmentisque acutis, nervis paucioribus. »

Cette variété se distingue du type par ses feuilles profondément dentées et même découpées à des degrés variables.

Ces segments, ordinairement étroits et divisés, présentent parfois une sorte de dichotomie.

Les tiges de la variété sont souvent plus fortes que dans l'espèce et offrent fréquemment des entre-nœuds très courts comme ceux du *S. angustifolium*. On serait tenté de supposer que la forme *saxifragæfolium* représente les feuilles du *S. erosum*.

Ve ESPÈCE. — *Sphenophyllum angustifolium* (Germar).

« Foliis elongatis, angustis, apice 2, 3, 4 fissis laciniis linearibus, acutis, nervis raris (2-4) verticillis plerumque 6 phyllis, internodiis sæpe brevissimis ; spicis terminalibus, verticillis spicarum normaliter octocarpis. »

Cette espèce, trouvée par Germar à Wettin, est parfaitement caractérisée et ne peut en aucune façon être considérée comme variété du *S. schlotheimii;* elle s'en distingue par la position des épis qui terminent toujours un rameau au lieu d'être axillaire comme dans cette dernière espèce.

Si l'on veut rapprocher le *S. angustifolium* de quelqu'autre type du même genre, c'est avec le *S. saxifragœfolium* qu'on lui trouvera le plus de ressemblance ; mais il sera toujours facile à reconnaître à ses feuilles allongées, étroites, à pointes terminales, linéaires et aiguës, qui lui donnent un faciès tout particulier.

« On décrit généralement le *S. angustifolium* comme ayant des mérithalles extrêmement courts ; nous avons vu des échantillons du Wettin et de Mannebach qui en avaient d'assez allongés, sans néanmoins atteindre la longueur de la feuille. »

« Après avoir soigneusement examiné les épis de cette espèce, nous croyons pouvoir indiquer que le chiffre normal des fruits est de *huit* dans chaque verticille ; il se pourrait toutefois que l'on trouvât des épis à verticilles hexacarpés ou tetracarpés. »

La constitution du faisceau vasculaire de l'axe des *sphenophyllum,* comme nous le verrons plus loin, rend ce nombre de huit très improbable pour les fruits placés normalement sur un verticille.

VIe ESPÈCE. — *Sphenophyllum oblongifolium* (Gormar).

« Foliis parvis lanceolato obovatis, bifidis lobis dentatis, nervis paucioribus (4-8) verticillis hexaphyllis,

spicis grande bracteatis, spicarum verticillis probabili-
ter tetracarpis. »

Pour le nombre des fruits, même remarque que pour
l'espèce précédente.

Les feuilles de cette espèce peuvent avoir quelques
ressemblances avec celles du *S. saxifragœfolium* qui
sont peu profondément divisées, mais elles s'en distinguent toujours cependant par leur forme oblongue.
Elle n'a au contraire aucune analogie avec le *S. angustifolium* qui a des feuilles cunéiformes, étroites, tout à
fait caractéristiques.

Ces *sphenophyllum* ont deux nervures à la base des
feuilles qui déterminent leur division en deux lobes
prononcés.

M. Grand'Eury fait remarquer (l. c.) que les feuilles
généralement ramenées du même côté, indiquent des
plantes traînantes, qu'il y en a avec des feuilles planes,
plus grandes, très inégales, plus allongées latéralement
qu'en avant et surtout qu'en arrière, comme si elles
eussent flotté.

Les épis de cette espèce ont été reconnus et figurés
par le même auteur ; chaque bractée porte une paire de
sporanges épiphylles disposés à peu près comme dans
les lycopodes.

Aux espèces précédentes admises par les savants
belges, il faudrait ajouter les deux espèces suivantes.

VIIe ESPÈCE. — *Sphenophyllum majus* (Brong.).

« S. à longues feuilles cunéiformes, largement fissu-
rées au milieu, avec plus de deux nervures à la base
des feuilles, se bifurquant lentement, plusieurs fois de
suite, et produisant une texture de feuille de nœggéra-
thiée. »

VIII° ESPÈCE. — *Sphenophyllum Thonii* (Mahr).

« S. à larges feuilles, longues, orbiculaires, arquées, avec nervation dissymétrique, à feuilles frangées sur les bords ou planes, insérées par une large base sur une tige articulée à longue distance, et munies de quatre nervures radicales se dichotomisant, chacune plusieurs fois de suite, sous un angle assez ouvert. »

Les espèces dont je viens de donner la diagnose sont, comme on le voit, établies uniquement sur des empreintes qui ne peuvent offrir que les caractères extérieurs des plantes qu'elles nous ont transmises. Les végétaux conservés dans la silice ne présentent au contraire, le plus souvent, que des particularités de structure anatomique interne ; il est rare en effet de trouver la plante silicifiée, isolée de façon à ce qu'on puisse reconnaître sur un même échantillon la structure des tissus en même temps que la surface extérieure, de là d'assez grandes difficultés pour identifier avec quelque certitude les espèces conservées par l'un et par l'autre procédé. J'espère pourtant, dans les lignes suivantes, préciser suffisamment les caractères spécifiques de quelques *sphenophyllum* silicifiés, pour qu'il n'y ait aucun doute sur la légitimité des attributions génériques, et même spécifiques, que j'ai faites il y a quelques années, concernant les petites tiges feuillées découvertes à Saint-Étienne et à Autun, et que j'ai rapportées aux *sphenophyllum*. [1]

1. Il n'est peut-être pas inutile de rappeler ici qu'un premier mémoire sur les tiges de *sphenophyllum*, que j'avais adressé à M. Brongniart, au commencement de l'année 1870, pour être inséré dans les *Annales des sciences naturelles*, a été perdu, texte et planches, pendant le siége de Paris ; les

STRUCTURE ANATOMIQUE DES SPHENOPHYLLUM.

Le premier paléontologiste qui ait donné quelques détails sur la structure des tiges de *sphenophyllum*, est M. Dawson [1]. D'après ce savant, un bel échantillon de *sphenophyllum emarginatum* du Niew - Brunswich, a présenté un axe fibro-vasculaire formé de vaisseaux *réticulés* et *scalariformes* analogue (?) au faisceau central ligneux des *tmesipteris*, tel que l'a figuré M. Brongniart. On sait que les faisceaux qui forment l'axe ligneux des *tmesipteris* sont groupés en forme de cylindre, et sur une certaine étendue de la tige, qu'ils renferment un *tissu cellulaire central* ; l'axe ligneux des *sphenophyllum* est *toujours* plein, jamais aucune apparence de tissu cellulaire ne se trouve au centre même de la tige ; de plus l'ordre de groupement et le nombre des faisceaux qui constituent cet axe est tout différent de ce que l'on rencontre dans les *tmesipteris*. Comme nous le verrons plus loin, le rapprochement des tiges de *sphenophyllum* et de *tmesipteris* ne peut se soutenir quand on entre dans les détails de structure anatomique.

En 1873 et 1874 [2] M. Williamson a fait connaître avec d'assez grands détails la structure de petites tiges, qu'il *rapporte* à des *asterophyllites*. Leur description

faits principaux ont été consignés dans les *Comptes rendus de l'Académie des sciences,* n° du 30 mai 1870, t. LXX, p. 1158, et en établissent la date. Ce n'est que trois ans plus tard que j'ai pu réunir les éléments d'un deuxième mémoire sur le même sujet. (*Ann. sc. nat. Bot.* série V, t. XVIII, 1873.)

1. *Quat. Journal of geology Soc.* 1865, p. 134, v. XXII. — Et *Acadian Geology,* 1868, p. 445 et 480.

2. *Philosop. transact. of the royal Society of London,* part V (Asterophyllites), vol. CLXIV.

anatomique se rapproche tellement de celle que j'ai
donnée en 1870 et 1873 (l. c.) pour des rameaux de
sphenophyllum, que je n'hésite nullement à regarder
ces débris de plantes trouvés en France et en Angleterre comme devant être confondus génériquement. Les
portions d'échantillons figurés par le savant paléontologiste de Manchester, planches I, II, III du mémoire cité,
se rapportent bien à des *sphenophyllum*.

Quant à celui figuré (pl. IV, fig. 21), il est difficile de
se résoudre à le considérer comme une portion de tige
de *sphenophyllum*; j'inclinerais bien plutôt à le regarder
comme une racine de cycadée, à cause de la nature des
fibres ligneuses de la périphérie disposées en série
rayonnante, et des rayons médullaires bien nets qui
séparent ces fibres ligneuses.

La conclusion tirée par M. Williamson de l'analogie
des tiges qu'il regarde comme appartenant aux *asterophyllites*, et de celles que j'ai décrites sous le nom de
sphenophyllum est que ces deux groupes ont entre eux
des affinités très grandes, et que l'on doit les réunir en
un seul.

De plus ce savant adopte l'opinion que les *sphenophyllum* et les *asterophyllites* doivent être rapprochés
des lycopodiacées bien plutôt que des calamites.

Différents botanistes, entre autres MM. Strasburger,
Schenck, Stur [1], discutant les résultats obtenus par
MM. Dawson, Williamson et ceux auxquels j'étais arrivé,
sont conduits à la même conclusion, relativement aux

1. Cependant, par des considérations tirées de l'ordre de superposition
relative du verticille des feuilles, de celui des rameaux et de celui des
racines, M. Stur arrive à cette conclusion que les *sphenophyllum* ne sont pas
des lycopodiacées mais des calamites. Voir son magnifique ouvrage, *Die
culm flora der Ostraver und waldenburger schichten*, page 4; Vienne, 1877.

affinités probables des *sphenophyllum*, et regardent ces plantes comme devant être rangées dans la classe des lycopodiacées.

Dans le *Botanische Zeitung*, octobre 1876, M. Schenck dit : « Les recherches de Renault sur ces fragments de tiges qu'il assimile aux *sphenophyllum*, ont donné pour résultat que leur structure n'a aucune analogie immédiate avec celle des *équisétacées* ou des *calamites*, quand même on voudrait les comparer au rhizome des premières ; mais au contraire, la structure des fragments de tige étudiés par Renault se rapproche extraordinairement de celle des racines d'un assez grand nombre de conifères, par son corps ligneux, primaire, étoilé à trois rayons, par les *larges rayons médullaires* (nous verrons plus loin que ces *rayons médullaires* ne sont autre chose que de gros vaisseaux entourant le faisceau triangulaire central) répondant aux saillies du corps ligneux, par son corps ligneux secondaire formé de cellules allongées et à parois épaisses, et auquel il manque cependant les étroits rayons médullaires des conifères.

» Sans doute l'identité des tiges étudiées par Renault avec celles des *sphenophyllum, n'est pas absolument établie et n'est pas probante ;* mais d'un côté, ses recherches sur un reste de feuille de cet échantillon permettent d'admettre une feuille à plusieurs nervures, et par conséquent la détermination de Renault trouve un appui dans les recherches de Dawson ; la différence entre les résultats de ces dernières et celles de Renault peut s'expliquer par la différence d'âge des tiges étudiées, comme il ressort des recherches de Williamson et des études comparées sur de jeunes racines de *conifères* et sur de jeunes tiges de *lycopodes*.

» Quoi qu'il en soit il découle des travaux indiqués plus haut et de ceux de Williamson sur les *asterophyllites* qui ont des rayons médullaires, qu'un certain nombre de plantes classées dans les calamites n'appartiennent pas à ce groupe, mais se rapprochent plutôt par leur structure des *lycopodiacées*. Cette conclusion est encore corroborée par la situation axillaire des bourgeons et la position épiphylle des sporanges. »

D'après ce qui précède, on voit que la grande majorité des paléontologistes est d'accord pour placer les *sphenophyllum* dans la famille des lycopodiacées.

Dans l'étude qui va suivre, je tâcherai d'établir, autant que le permettra la conservation des échantillons :

1° Que les tiges que j'ai décrites à différentes reprises sont bien des tiges de *sphenophyllum ;*

2° Qu'on peut rapporter les tiges feuillées à certaines espèces connues ;

3° Qu'il n'existe pas dans les tiges de *sphenophyllum* de vrais rayons médullaires, ni de bois secondaires, pouvant rappeler plus ou moins la structure des jeunes racines de conifères ;

4° Que les *astérophyllites* et les *sphnophyllum* ne peuvent être réunis dans un même groupe.

Enfin je rechercherai la classe ou la famille de plantes, dans laquelle la connaissance détaillée et plus complète de la tige et celle probable des fructifications permettraient de ranger les *sphenophyllum*.

Forme extérieure de la tige.

Le diamètre des tiges des *sphenophyllum* que j'ai rencontrées a varié de 1mm5 à 15mm. Les plus petites souvent ont conservé leur écorce généralement disparue sur les plus grosses ; dans ce dernier cas, elles sont cylindriques et ne paraissent pas articulées, les nœuds sont dus en effet à un renflement de l'écorce à chaque verticille de feuilles; dans les épis d'*asterophyllites* et d'*annularia* (fig. 1, pl. I; fig. 4, pl. v), nous avons vu au contraire que le cylindre ligneux était renflé lui-même à chaque verticille de feuilles stériles ou de *sporangiophores*.

Dans les *sphenophyllum* le cylindre ligneux ne se renfle que lors de l'émission d'un rameau, et comme ce dernier est unique sur l'articulation, le renflement ne se montre que d'un côté de l'axe (fig. 2 et 3, pl. xxx).

La surface corticale est tantôt lisse (fig. 1, pl. xxx et fig. 1, pl. xxvi), tantôt cannelée (fig. 2 et 3, pl. xxviii).

La distance des nœuds entre eux varie suivant les dimensions des rameaux et suivant les espèces. Sur les plus gros, de distance en distance aux articulations, s'insère un seul rameau également articulé, qui, lui-même, peut en émettre d'autres ou porter des feuilles. La disposition ternaire du faisceau vasculaire central rendrait possible un verticille de trois rameaux, ce cas ne s'est pourtant pas encore présenté dans les empreintes pas plus que dans les échantillons silicifiés.

Quelquefois sur les articulations, on retrouve une espèce de rainure circulaire et continue, trace laissée par la chute des feuilles dont les bases étaient en contact dans certains cas et même légèrement soudées, de petits creux placés sur cette rainure indiquent les points où passaient les faisceaux vasculaires se rendant aux feuilles.

Feuilles.

Les empreintes de feuilles sur la silice sont rares, le plus souvent ces organes sont plongés dans la masse et ne peuvent être observées ; cependant il peut arriver que les fragments de quartz que l'on brise se fendent suivant la surface extérieure de l'objet qui est enveloppé, on peut alors en reconnaître les détails superficiels aussi bien, sinon mieux, que sur les plus fines empreintes, car le tissu se montre ordinairement conservé dans tous ses détails.

Plusieurs feuilles de *sphenophyllum saxifragœfolium* tenant encore à la tige se sont présentées dans cet état. (Voy. fig. 12, pl. xxx.)

Ces feuilles ont 8 millimètres de longueur, 1mm5 à la base, 5 millimètres dans la partie supérieure; à 6 millimètres de la base, la feuille se divise en deux lobes et chaque lobe en quatre dents aiguës de 1 millimètre de longueur. Deux faisceaux vasculaires sortant de la tige pénètrent dans la feuille; à 1 millimètre de la base, chacun d'eux se bifurque et les quatre branches qui en résultent, se divisant à leur tour en deux autres, forment à une hauteur de 3 millimètres huit nervures qui se terminent dans les huit dents de la feuille.

La ressemblance de ces feuilles avec celle figurée par Geinitz [1] est frappante.

L'existence dans les magmas silicifiés de feuilles de *sphenophyllum* tenant à leur tige et spécifiquement déterminable est donc un fait acquis et hors de doute.

Plusieurs autres tiges feuillées ont été rencontrées à Saint-Étienne (jusqu'à présent le gisement d'Autun n'a présenté que des fragments dépourvus de feuilles). La première a été décrite en 1873 (loc. cit.).

Engagée dans la silice elle portait (fig. 4, pl. xxvi) quatre articulations ; les deux supérieures étaient encore

---

1. Geinitz, *Steinkohlenformation von Sachs*, tab. XX, fig. 8, A.

garnies de feuilles ; une portion de la partie supérieure de la tige, fendue longitudinalement, était restée dans le fragment de silice séparé de l'autre morceau ; cette section longitudinale accidentelle permettait de voir les feuilles des deux verticilles supérieurs.

La distance de deux articulations est de 10 millimètres environ, le diamètre de la tige au milieu d'un entre-nœud, de 4 millimètres, et au nœud de 5mm5.

La forme de la tige est cylindrique, sa surface est sillonnée par six cannelures, trois correspondent aux extrémités des angles saillants du faisceau vasculaire central, les trois autres à leur intervalle (fig. 2, pl. xxvi). La section transversale représentée dans cette figure a été faite au milieu de l'une des articulations, et les sillons ont, à peu de chose près, la même profondeur, mais sur une coupe faite à la moitié ou aux deux tiers d'un entre-nœud (fig. 3, pl. xxvi). Le premier système de sillon m' a diminué d'importance, tandis que le second, c'est-à-dire celui qui correspond à l'intervalle des angles saillants du cylindre central, $m\ m$, a conservé sensiblement la même valeur.

Les bords des côtes qui délimitent les sillons portent des poils ou piquants $n\ n$, les empreintes ne présentent ordinairement aucune trace de ces organes.

A chaque nœud sont insérées six feuilles, sessiles, dressées contre la tige, le limbe à 2 millimètres à sa base d'insertion, vers le milieu de la longueur, il se divise en trois dents aiguës de 1 millimètre de largeur et 5mm2 de longueur ; la hauteur totale étant de 12 millimètres dépasse ainsi par son extrémité le nœud immédiatement supérieur, au point où il se divise en trois parties sa largeur est d'environ 3 millimètres.

Trois faisceaux vasculaires s'échappent de la tige

pour pénétrer dans chaque feuille et s'élèvent sans se bifurquer jusqu'à l'extrémité des dents.

Si dans la fig. 4, pl. xxvi, les feuilles paraissent plus courtes que les entre-nœuds, cela tient à ce que la section longitudinale passe entre les divisions des feuilles et ne les parcourt pas suivant leur longueur totale, mais seulement dans la partie non divisée en lanières. La figure 8 pour être exacte, devrait être incisée jusqu'au milieu du limbe.

Les feuilles dressées contre la tige et non étalées comme dans la plupart des *sphenophyllum* sont munies extérieurement vers la base d'un renflement d'où partent des poils ; elles paraissent avoir été assez fermes et rigides.

La description qui précède permet de rapprocher cette espèce du *sphenophyllum angustifolium* dont j'ai exposé plus haut la diagnose d'après Coëmans et Kickx.

Germar, qui a établi cette espèce, en donne [1] la description suivante : « Sphenophyllum foliis elongatis angustis apice 2, 3, 4 fissis laciniis linearibus, acutis, nervis raris 2 à 4 (autant que de divisions de la feuille), verticillis ordinarie 6 phyllis, internodiis sæpe brevissimis. » Cette espèce se distingue comme l'on sait du S. *saxifragæfolium* par ses feuilles plus longues et plus étroites, divisées au sommet en deux longues dents très pointues, les deux, trois ou quatre nervures restent séparées jusqu'à la base.

Germar fait remarquer qu'il a vu des mérithalles assez allongés, sans néanmoins atteindre la longueur de

---

1. Germar, *Verstereinerungen des Steinkohlengebirgs von Wettin und Lœbejeïn;* Halle, 1844.

la feuille qui, dans le S. *angustifolium*, dépasse toujours les entre-nœuds.

Elle se distingue encore, d'après le même auteur : « Caulis plantæ gracilitate, manifesto contractione media articularum et crassis striis longitudinalibus.

» Folia singula incisura media tertiam partem longitudinis folii penetrante, in duos vel tres lobos dividitur. »

L'espèce de *sphenophyllum* dont j'ai rappelé plus haut les principaux caractères extérieurs et que j'ai désignée sous le nom de S. *stephanense*, vient donc se ranger par plusieurs de ses caractères à côté du S. *angustifolium* qui comprend plusieurs sous-espèces.

M. Grand'Eury distingue entre autres des échantillons qui présentent une tige à feuilles bifides, sèches, raides, carénées, dressées en prolongement supérieur des côtes ; les unes sveltes et élancées comme bifurquées et rappelant certains lycopodes ; les autres plus robustes, plus ramifiées.

Le S. *stephanense* constitue une sous espèce dans laquelle les feuilles dressées, un peu plus larges que d'ordinaire, possèdent chacune trois nervures indivises de la base au sommet, les mérithalles sont plus allongés et la tige munie de poils raides paraît avoir été plus robuste que celle du S. *angustifolium* du Wettin.

J'ai rencontré un autre échantillon de *sphenophyllum* également orné de feuilles à ses articulations, et que je considère comme se rattachant encore au *sphenophyllum angustifolium*. La figure 1, planche XXVIII, donne la coupe longitudinale de deux articulations, et celle des feuilles qui y sont insérées. La figure 2 représente une section transversale faite à une très petite distance de l'articulation, là où les feuilles ne se sont pas encore divisées; voici les particularités extérieures les plus saillantes de cet échantillon.

Six feuilles sessiles dressées contre la tige sont insérées aux nœuds. Au point d'insertion le limbe a $1^{mm}3$, et dans sa plus grande largeur il mesure 2 millimètres. La partie non divisée s'étend à une hauteur de 3 à 4 millimètres; les lanières, au nombre de quatre, s'élèvent en se recourbant légèrement en dehors (fig. 7, pl. xxix) et atteignent l'articulation supérieure; l'intervalle qui sépare deux nœuds est de 6 à 7 millimètres.

La grosseur de la tige entre deux nœuds est de $2^{mm}2$ et au nœud lui-même de $3^{mm}6$.

Le nombre des faisceaux vasculaires qui sortent de la tige pour entrer dans une feuille est de deux, chacun se divise *immédiatement* en deux autres, et les quatre faisceaux qui résultent de cette division vont sans se dichotomiser de nouveau, jusque dans les quatre dents aiguës de la feuille.

Les mérithalles sont marqués de trois sillons profonds, correspondant à l'intervalle compris entre deux angles saillants du cylindre triangulaire de l'axe ligneux (fig. 2, pl. xxviii). Au nœud même il y a six sillons déterminés par les bases des feuilles qui sont séparées par un très petit intervalle.

De même que dans l'espèce précédente la base des feuilles était munie d'un renflement (*n*, fig. 1) d'où pendaient des poils cloisonnés *o*. Cette particularité est encore bien plus marquée dans un autre échantillon également feuillé représenté figure 8, planche xxx, c'est une véritable touffe de poils, il est probable que lorsque les feuilles étaient plongées dans l'eau, de nombreuses racines descendaient tout autour des articulations, prenant naissance principalement au dessous de chacune des feuilles à la place occupée par les poils.

Sur une coupe transversale et perpendiculaire au limbe, les feuilles, au nombre de six, se montrent, dans la partie qui n'est pas encore divisée, formées d'un tissu lâche assez uniforme (*k k*, fig. 6, pl. xxx) dans lequel on remarque près des faisceaux vasculaires et vers la base, des cellules rectangulaires (*r*, fig. 1, pl. xxviii) analogues à celles que nous retrouverons autour des faisceaux vasculaires des rameaux et de la tige. Ce tissu est encore parcouru par les cordons vasculaires qui marquent les nervures de la feuille (*a*, fig. 7, pl. xxvi) et dont on distingue la forme lunulée, *t t*, dans la figure 6, planche xxx. Une cellule à parois plus épaisses se trouve dans la concavité de l'arc formé par le faisceau vasculaire et correspond probablement aux cellules rectangulaires particulières, *r* de la figure 1, planche xxviii.

La partie inférieure de la feuille est limitée par une couche épidermique formée d'un ou deux rangs de cellules arrondies (*f'* fig. 7, pl. xxvi, et *ep*, fig. 6, pl. xxx); on distingue dans cette dernière espèce quelques ouvertures, *st*, qui pourraient être des stomates.

La face supérieure est recouverte par un épiderme dont les cellules sont rectangulaires, à parois assez épaisses, et plus grandes que celles qui forment l'épiderme de la face inférieure (*f*, fig. 7, pl. xxvi et *e'p'* fig. 6, pl. xxx).

Les feuilles des deux espèces de *sphenophyllum* que je viens de décrire, dressées contre la tige, ne paraissent pas avoir subi de déformation ni de déchirures accidentelles, elles occupent la position naturelle qu'elles avaient sur la tige. Celle-ci était encore debout lorsqu'elle a été silicifiée, car on trouve à l'aisselle des feuilles d'assez nombreux grains de pollen (*p*, fig. 1, pl. xxvIII), réunis dans une petite cavité formée d'un côté par la face interne de la feuille et de l'autre par un petit renflement, *m*, de la tige qui pourrait être l'indice d'un bourgeon expectant.

M. Grand'Eury range le *sphenophyllum angustifolium* dans sa première série, celle qui renferme les *sphenopyhllum* à une seule nervure radicale à la base des feuilles.

Si la détermination spécifique des deux *sphenophyllum* précédents est exacte, ce nombre ne serait pas absolu, il se rencontrerait, par exemple dans le *S. bifidum*, la nervure unique de la base se partageant immédiatement en deux branches dès lors indivises jusqu'à l'extrémité des deux dents de la feuille.

Le *sphenophyllum stephanense* offrirait trois nervures radicales qui resteraient indivises dans toute la longueur du limbe.

Enfin dans la troisième espèce que je désignerai sous le nom de *S. quadrifidum*, les feuilles recevraient à la base deux faisceaux vasculaires se dichotomisant immédiatement ; les quatre branches se rendraient ensuite chacune dans les quatre lanières de la feuille.

En résumé le groupe désigné sous le nom de *S. angustifolium*, caractérisé par : « Caulis plantæ gracilitate, manifesta contractione media articulorum, et crassis striis longitudinalibus, foliis elongatis, angustis laciniis linearibus fissis, acutis, nervis raris indivisis, verticillis, 6 phyllis persæpe erectis, paululum basi incrassatis ; spicis elongatis, angustis, pinnatim dispositis, verticillis tricarpis ? » comprendrait les trois espèces suivantes :

« 1º *S. bifidum* : singulari nervo proxime dichotomo folii duobus laciniis fissi ad basim accedente.

» 2° *S. stephanense* : tribus nervis indivisis folii trila-
ciniati ad basim accedentibus ;

» 3° *S. quadrifidum* : duobus nervis proxime dichotomis folii quadrifidi ad basim accedentibus. »

Dans la description qui précède, je crois avoir suffisamment répondu à cette remarque de M. Schenck :
« Sans doute l'identité des tiges étudiées par Renault
avec celles des *sphenophyllum* n'est pas absolument
établie et n'est pas probante..... » Car on ne peut refuser
d'admettre que la forme des tiges, leur dimension, les
particularités et les détails de la surface ne se rapportent pas complétement à des tiges de *sphenophyllum*.
On peut encore moins repousser comme feuilles de
sphenophyllum, les feuilles dont j'ai donné plus haut la
description, et dont le nombre, la forme, la disposition
des nervures et des divisions du limbe s'accordent si
bien avec les caractères correspondants reconnus par
les auteurs, comme essentiels aux feuilles des *sphenophyllum* trouvés à l'état d'empreinte.

Je vais passer maintenant à l'examen de la structure
anatomique des rameaux qui portaient ces feuilles.

Structure anatomique de la tige.

Si l'on fait une coupe transversale d'une tige de
sphenophyllum quadrifidum dans un mérithalle (fig. 2,
pl. XXVIII), on aperçoit au centre :

1° Une étoile à trois rayons ; les extrémités des rayons
sont occupés par des éléments, *tr,* plus petits que ceux
qui sont au centre même du triangle.

2° Autour de cette partie triangulaire on remarque, *c,*
une gaîne composée d'un nombre variable de couches
et formant une sorte d'enveloppe continue autour de
l'étoile centrale.

3º Plus en dehors, ce que l'on peut considérer comme la région corticale.

Une coupe longitudinale passant exactement par l'axe de la tige et l'extrémité de l'un des rayons de l'étoile, nous montre successivement les éléments suivants :

Au centre même (*a*, fig. 1, pl. xxviii) se trouvent des vaisseaux à ponctuations aréolées; le pore central est elliptique (*a*, fig. 3, pl. xxix) quand la conservation de l'échantillon est bonne, si au contraire la paroi du vaisseau est altérée, le pore devient circulaire, quelquefois même il s'agrandit, prend une forme hexagonale, et le vaisseau paraît réticulé (*a*, fig. 13 et 14, pl. xxvii).

Plus en dehors, et en se dirigeant vers l'extrémité du rayon de l'étoile, les vaisseaux changent de nature, ils deviennent scalariformes (*b*, fig. 14 et 15, pl. xxvii ; *b*, fig. 1, pl. xxviii; *b*, fig. 3, pl. xxix.)

Enfin à l'extrémité même du rayon on rencontre des trachées déroulables et déroulées (*c*, fig. 15, pl. xxvii, et fig. 3, pl. xxix).

Dans la figure 1, planche xxviii, en *i*, on voit des vaisseaux rayés et des trachées se porter à chaque verticille dans les feuilles qui y sont insérées.

Si l'on fait une coupe transversale passant par un nœud comme le représente la figure 3, planche xxviii, à chacun des angles du triangle vasculaire, on voit deux faisceaux de trachées s'en détacher en s'écartant l'un de l'autre horizontalement, puis chacun des faisceaux se bifurquer en pénétrant dans l'écorce ; les douze faisceaux qui en résultent entrent deux à deux dans chacune des six feuilles qui composent le verticille du *S. quadrifidum*. La coupe transversale (fig. 2, pl. xxviii) faite au dessus du nœud et qui coupe les feuilles, là où elles ne sont pas encore divisées, montre que chacun des douze faisceaux s'est partagé en deux, plus haut la coupe aurait rencontré vingt-quatre divisions de feuilles renfermant un faisceau unique.

Dans le *S. stephanense* (fig. 2, pl. xxvi) les deux faisceaux trachéens, *h h*, se bifurquent en pénétrant dans l'écorce, puis l'une des branches, *h'*, se divise à son tour; trois faisceaux distincts de trachées pénètrent donc dans chacune des six feuilles du verticille, la figure 7 montre une coupe transversale de feuille faite dans la région du limbe non encore divisé ; en *a* on voit les trois faisceaux vasculaires ; la figure 3, même planche, représente une coupe faite un peu plus haut, la feuille s'est divisée en trois lanières, *p p p — p' p' p'*, renfermant chacune un seul faisceau vasculaire.

Il est à remarquer que c'est un seul des deux faisceaux vasculaires, s'échappant de l'extrémité de l'axe triangulaire qui fournit les faisceaux d'une même feuille, quel que soit le nombre de ses nervures.

Dans un *sphenophyllum* d'Autun, dont la coupe est représentée figure 1, planche xxvi, la division des deux faisceaux primitifs a dû se faire un peu différemment, chacune des deux branches partant d'un angle de l'axe s'est partagée en trois et les dix-huit faisceaux résultants ont traversé l'écorce sans se diviser de nouveau. Ce *sphenophyllum* dont la tige lisse est représentée figure 1, planche xxx, ne présente aucune cannelure superficielle; aux articulations on distingue de fines ponctuations correspondant au passage des faisceaux vasculaires ; ce fragment de tige étant complétement dépourvu de feuilles, on n'en peut faire qu'un rapprochement douteux avec les espèces connues et décrites précédemment.

D'après les sections représentées figure 2, planche xxvi; figures 3 et 4, planche xxviii, les trachées sont disposées

en deux groupes à chaque angle de l'axe. La figure 4,
planche xxx, *tr*, le montre encore plus nettement.
Dans cette dernière figure qui représente un rameau
très jeune, la partie centrale occupée par les vaisseaux
à ponctuations aréolées, et par conséquent de dernière
formation, n'est pas encore complétement remplie par
eux. Cette constitution de l'axe des *sphenophyllum* rappelle celle des jeunes racines de cycadées [1] (*cycas rumi-
niana*, par ex.), mais l'analogie ne peut se poursuivre
comme l'examen ultérieur des tissus va le démontrer.

Quoi qu'il en soit il est établi que l'axe ligneux des
sphenophyllum est formé par trois faisceaux vasculaires, à deux groupes de trachées d'abord isolés, le
développement ultérieur centripète de ces trois faisceaux amène leur rencontre au centre de la tige ; l'axe
se trouve alors formé par la réunion de trois faisceaux
lunulés, soudés par leur côté convexe et dont les pointes
trachéennes voisines sont à la périphérie. Dans les tiges
âgées (fig. 1, pl. xxvi, et fig. 6 même planche) la soudure
est tellement complète qu'il est impossible de reconnaître au centre les trois faisceaux primitifs.

La gaîne qui entoure cet axe triangulaire est formée
de deux parties distinctes et caractéristiques des tiges de
sphenophyllum.

La plus intérieure (*c*, fig. 2, pl. xxviii) est composée
de tubes allongés, d'un diamètre considérable mais qui
va en diminuant dans les parties de la gaîne qui con-
tournent les trois angles de l'axe ligneux. Les parois de
ces tubes sont sculptées de ponctuations aréolées, le
pore central est elliptique, ou peut subir les variations

---

1. Remarquons toutefois que la ressemblance n'est qu'apparente, car aux
trois angles du faisceau ligneux de ces racines, il n'y a pas, comme ici,
deux groupes distincts de trachées.

que j'ai signalées plus haut dans ceux des vaisseaux de la partie centrale de l'axe. (Voy. *c*, fig. 3, pl. xxix ; fig. 4, même planche ; fig. 16 et 17, pl. xxvii.)

Les tubes à ponctuations aréolées sont continus et sans cloisons transversales (*s*, fig. 16, pl. xxvii et *c*, fig. 4, pl. xxix).

Dans les très jeunes tiges cette enveloppe tubulaire peut ne pas faire le tour de l'axe ligneux (fig. 5, pl. xxx). Deux côtés du triangle seulement sont bordés par une rangée incomplète de ces tubes ; dans les rameaux plus gros ou plus âgés le nombre des couches va croissant ; la figure 4, planche xxx, montre l'une des faces seulement bordée de deux rangées concentriques ; le nombre des rangées peut devenir assez considérables comme on le voit figure 1, planche xxvi et figure 1, planche xxix. Le développement des couches n'est pas uniforme sur chaque face du triangle ligneux, car on en compte un nombre différent sur chacune (fig. 1, pl. xxvi ; fig. 4, pl. xxx), il y a par conséquent une certaine indépendance dans l'accroissement successif des trois bandes vasculaires appliquées contre les côtés de l'axe ; de plus j'ai vérifié que le nombre des couches ne correspondait pas au nombre d'articulations existant de bas en haut sur la tige.

Les tubes poreux, comme je l'ai déjà dit, vont en diminuant de diamètre dans les points qui correspondent aux extrémités du triangle vasculaire (fig. 1 et 6, pl. xxvi ; fig. 2 et 3, pl. xxviii) mais tout en diminuant de diamètre ils ne changent nullement de structure (*d*, fig. 13 et *e*, fig. 15, pl. xxvii) ce sont toujours des tubes à ponctuations aréolées.

En même temps que les couches concentriques de la gaîne augmentent, il se fait une production cellulaire spéciale entre chacune des couches, là où quatre tubes se joignent par leurs angles (fig. 5, pl. xxviii). Souvent dans les tiges âgées cette production peut prendre un développement assez considérable (z, fig. 1, pl. xxix.) Elle est formée de cellules très allongées dans le sens vertical (z, fig. 2, pl. xxix et fig. 4 même planche), leurs extrémités supérieures et inférieures sont planes et non terminées en biseau. Ces îlots longitudinaux de cellules qui se sont formés assez régulièrement entre chaque couche concentrique (fig. 5, pl. xxxviii) sont joints dans le sens radial seulement par d'autres cellules également allongées, mais horizontales (x, fig. 1 et 2, pl. xxix, et fig. 5, pl. xxviii). Il résulte de cette production curieuse de cellules longitudinales et transversales dans le sens du rayon, qu'une coupe longitudinale dirigée perpendiculairement aux couches concentriques se présentera à cause de la transparence des parois des tubes ponctués, comme l'indiquent les figures 2, 3 et 6 de la planche xxix. On croira, si on n'observe pas attentivement et surtout si les préparations ne sont pas excellentes, avoir affaire non plus à des tubes continus mais à de grosses cellules empilées et à parois très épaisses (d, fig. 10, 13, 16 et 17, pl. xxvii).

La figure 4, planche xxix, représente une portion de préparation longitudinale faite un peu obliquement par rapport aux couches concentriques et qui montre en c, les tubes poreux continus, en x, la coupe des cellules transversales qui réunissent les cellules longitudinales de deux couches voisines, en w, la paroi d'un tube coupé longitudinalement, et contre sa paroi, les cellules transversales, x' x', qui vont rejoindre le groupe de cellules longitudinales, z' z'.

Je ne doute pas que les prétendus rayons médullaires

trouvés dans les tiges de *sphenophyllum*, par M. Willamson, et représentés fig. 13, pl. xi de son mémoire sur les astérophyllites, ne soient précisément ces cellules transversales qui ne peuvent être considérées comme des rayons médullaires dont elles n'ont ni la forme ni la disposition.

Quelles étaient les fonctions physiologiques de ce réseau cellulaire à mailles rectangulaires placé entre les gros tubes poreux ? devait-il servir à contenir des grains d'amidon ou d'autres substances nutritives pour l'alimentation de la plante ? L'intérieur de ces cellules souvent fortement coloré semblerait l'indiquer. Était-il destiné, en comprimant plus ou moins les gros tubes, à modérer la circulation dans la plante ? Existe-t-il des tissus analogues dans les plantes actuellement vivantes ? Ce sont autant de questions que l'on ne peut résoudre maintenant d'une manière satisfaisante.

La deuxième partie de la gaîne que j'ai indiquée plus haut et qui est plus extérieure ne se présente avec un certain développement que dans les jeunes tiges; la figure 5, planche xxx, *c'*, la montre faisant un cercle continu autour de l'axe ligneux, elle est composée de cellules rectangulaires assez considérables, à parois épaisses non ponctuées (*c'*, fig. 5 bis et 7, pl. xxx). Le contenu des cellules est souvent fortement coloré, ce qui indique qu'elles contenaient des substances riches en carbone. Elles sont disposées en files verticales, peut-être donnaient-elles naissance à la couche plus interne, par la disparition graduelle des parois transversales qui les sépare.

La structure de la double zone qui entoure l'axe ligneux triangulaire est donc tout à fait spéciale aux *sphenophyllum* et ne peut en rien être comparée avec

les éléments ligneux et cellulaires que l'on rencontre
autour du bois primaire des racines de cycadées.

Écorce.

L'écorce se compose de trois parties distinctes, la
plus interne est formée de cellules polyédriques à
parois minces, un peu plus haute que larges (*f*, fig. 1,
pl. xxvi, — *f*, fig. 10 et 12, pl. xxvii). Elle offre peu de
résistance et c'est à sa disparition fréquente que l'on
doit attribuer la séparation habituelle du cylindre
ligneux et de son écorce.

La deuxième couche plus extérieure se compose de
cellules à sections rectangulaires, plus hautes que
larges (*g*, fig. 1, pl. xxvi. — *g*, fig. 12, pl. xxvii. — *d'*, fig. 1,
pl. xxviii), assez résistantes, disposées régulièrement en
files verticales et analogues à des cellules subéreuses.

La partie la plus extérieure est formée d'abord de
cellules allongées à parois minces, dont les extrémités
ne sont pas franchement terminées en biseau (fig. 12,
pl. xxvii). Puis d'une couche plus extérieure qui prend
nettement l'aspect fibreux. C'est la portion la plus résistante de l'écorce et partant celle qui a été le plus souvent conservée.

Racines.

Dans les quartz d'Autun, j'ai rencontré des fragments
de racines dont la structrure anatomique a offert des
analogies suffisamment nombreuses avec les tiges de
sphenophyllum, pour que je puisse les rapporter à ces
plantes avec quelque certitude.

Leur diamètre est de 2 millimètres environ, elles

sont dépourvues de leur écorce (fig. 5, pl. xxix) [1], une coupe transversale montre une série de couches concentriques dont les éléments sont à section rectangulaire, ils vont en diminuant de grandeur de la circonférence au centre, lequel est occupé par un petit faisceau, *a,* allongé transversalement.

Une coupe longitudinale passant par un diamètre de la racine (fig. 6, pl. xxix) montre que la masse du tissu est formé de tubes à ponctuations aréolées, semblables à ceux que nous avons trouvés composants l'enveloppe de l'axe triangulaire des tiges, ils sont séparés longitudinalement et transversalement par un tissu exactement semblable à celui qui existe entre les tubes poreux des tiges, *z, x.* En *v* on voit des coupes transversales de ces cellules qui feraient croire à des rayons médullaires très courts en hauteur.

Au centre seulement quelques vaisseaux scalariformes représentent l'axe ligneux proprement dit, lequel ne paraît pas (du moins autant qu'on en peut juger d'après cet échantillon dont la conservation n'est pas irréprochable,) avoir affecté la forme triangulaire si caractéristique de la tige.

Ce qui frappe surtout dans cette racine c'est la prédominance sur l'axe ligneux, de ce tissu remarquable composé de gros tubes ponctués, disposé en zones concentriques régulières, au milieu duquel, dans le sens du rayon, se trouve également développé ce réseau particulier de cellules longitudinales et transversales que

1. Depuis l'impression de ce mémoire, j'ai rencontré d'autres échantillons de racines de *sphenophyllum* pourvues de leur écorce ; cette dernière est essentiellement formée d'un parenchyme très lacuneux, à cellules irrégulières, grandes, et à parois minces ; leur contenu est fortement coloré. On ne distingue ni couche subéreuse ni zone libérienne.

nous avons vu prendre un développement si remarquable dans les tiges âgées.

Tels sont les faits principaux que l'examen de nouveaux échantillons de *sphenophyllum* m'ont permis de constater ; l'axe parfaitement *plein* et *vasculaire* de ces plantes éloigne toute possibilité de rapprochement avec les *calamariées* qui comprennent d'une manière générale les *calamites*, les *equisetites*, *les annularia* et les *asterophyllites*.

Ces dernières plantes que l'on a rapprochées des *sphenophyllum* à cause d'une prétendue similitude dans la structure de l'axe, ont été regardées, comme on le sait, tantôt comme des rameaux de *calamodendrons* et de certains *arthropitus*, tantôt comme des rameaux de *calamites*.

D'après les dernières recherches de M. Grand'Eury, les *asterophyllites* se divisent en deux groupes, l'un renferme les rameaux des *calamophyllites*, l'autre les rameaux plus robustes, plus ligneux, détachés des *calamodendrons* et des *arthropitus articulés*.

Les premiers naissent en verticilles de tiges *calamitoïdes*, les rameaux secondaires qui en partent sont *distiques* et étaient probablement contenus dans un plan vertical comme les rameaux des *thuia*.

Or, les tiges des *calamophyllites* étaient creuses, leurs rameaux l'étaient également ; j'ai décrit (*Ann. sc. nat.* 6ᵉ série, t. III) des épis fructifiés qui se rapportaient très probablement à l'*asterophyllites equisetiformis* (voy. fig. 14 à 17, pl. IV, décrites au commencement de ce volume) dont l'axe était parfaitement *calamitoïde*. [1]

---

1. L'axe des *jeunes rameaux* de calamites ou d'astérophyllites peut sans doute être plein, mais ce sont des cellules de moelle qui le remplissent, jamais la partie centrale n'est occupée par un faisceau ligneux, comme cela est constant dans les *sphenophyllum*.

De plus les rameaux de *sphenophyllum* sont *solitaires* sur les articulations (fig. 2, pl. xxx), au lieu d'être disposés en verticille comme dans les *astérophyllites*. La constitution de l'axe triangulaire des *sphenophyllum* rend impossible sur ces tiges l'existence de rameaux distiques secondaires.

Les *asterophyllites cryptogames* ne peuvent donc pas être assimilés aux *sphenophyllum*.

Reste le deuxième groupe. La structure d'un grand nombre de *calamodendrons* et d'*arthropitus*[1] est actuellement suffisamment connue, pour que l'on sache que ces plantes essentiellement ligneuses étaient pourtant munies d'une moelle volumineuse, que l'on retrouve dans les plus minces rameaux qui, en petit, offrent exactement la même structure que celle des tiges ; par conséquent, les *astérophyllites*, appartenant à ces végétaux, ne peuvent avoir un axe plein et vasculaire, comme celui que nous offrent les *sphenophyllum*.

La conclusion de cette courte discussion est que les vrais *sphenophllum* ne peuvent être rapprochés soit des *asterophyllites* cryptogames (rameaux de *calamophyllites*), soit des *asterophyllites* phanérogames (rameaux de *calamodendrons* et de *certains arthropitus*).

M. Grand'Eury (*Flore carbonifère du département de la Loire*, page 50) arrive aux mêmes conclusions et fait remarquer que le *bechera grandis* qui, par ses feuilles nombreuses et simples, pourrait se rapprocher des échantilons calcifiés décrits par M. Williamson comme appartenant aux *asterophyllites*, paraît devoir appartenir aux *sphenophyllum*.

---

1. Voir mon mémoire sur les *Calamodendrées*, inséré dans les Mémoires du Congrès scientifique de France, XLII° session, 1876, p. 291.

Au commencement de cet article, j'ai exposé les différentes opinions qui avaient été émises, sur la place que devait occuper le genre *sphenophyllum*, dans la classification botanique.

Tantôt transportés de la classe des *rhizocarpées* dans l'embranchement des *gymnospermes*, puis rapportés dans l'ordre des *lycopodiacées*, on peut se demander si leur place est définitivement fixée.

On pourrait le croire en effet, M. Schenck, dans le *Botanisch Zeitung* [1], dit :« D'après la structure et la position occupée par les sporanges, il n'est pas difficile de déduire la place que l'on peut assigner aux *sphenophyllum* dans l'échelle naturelle des plantes; il saute aux yeux qu'ils ne peuvent appartenir ni aux *conifères*, ni aux marsiliacées, la question se réduit donc à celle-ci : doit-on les laisser dans les *calamariées*, parmi lesquelles on les a de préférence classés jusqu'ici, ou appartiennent-ils à un autre groupe ? »

» Les *sphenophyllum* se rattachent le plus étroitement possible aux lycopodiacées. Chez les uns comme chez les autres, les sporanges sont situés à la base de la feuille fertile ; chez les uns comme chez les autres, les feuilles qui portent les sporanges diffèrent par la forme, des feuilles de la tige situées plus bas, et les feuilles fertiles sont également disposées en épi à l'extrémité d'axes terminaux ou latéraux. »

» Chez les *sphenophyllum*, les sporanges se trouvent sur les feuilles ou dans l'aisselle de ces feuilles, tout ceci milite en faveur des lycopodiacées, parmi lesquelles il faut, selon moi, ranger les *sphenophyllum*, opinion pour laquelle se sont également prononcés Dawson en 1865, et Strasburger tout récemment. »

1. Loc. cit.

Relativement aux diverses fructifications des *spheno-phyllum*, M. Grand'Eury s'exprime ainsi : « J'avais d'abord observé la disposition des sporanges en rangées longitudinales comme on doit l'attendre de la structure de l'axe, lorqu'une empreinte de *Sph. angustifolium* me les a laissés voir couchés sur les pédicelles réfléchis des bractées, au crochet desquelles ils paraissent fixés peut-être deux par deux, et géminés, comme je l'aurais encore mieux reconnu dans l'épi du *S. oblongifolium*. D'après cela, les sporanges sont épiphylles comme dans les lycopodes et les *sphenophyllum* par la structure singulière de leur petites tiges herbacées, par leur inflorescence, ils diffèrent assez des *asterophyllites* et des *annularia* pour les en éloigner désormais. »

On pourrait encore ajouter que la structure toute particulière de l'axe autorise à penser que non-seulement les sporanges doivent être disposés en lignes verticales le long de l'épi, mais que leur nombre par chaque verticille doit être de trois ou un multiple de trois, qu'ils soient simples ou géminés.

Un fragment d'épi représenté fig. 9, pl. xxx, et que j'ai rencontré dans les magmas silicifiés de Saint-Étienne, peut se rapporter par quelques caractères aux *sphenophyllum*.

Les bractées fertiles sont disposées en verticilles qui se correspondent verticalement. Les unes ont été brisées, les autres sont en place, quelques-unes portent des sporanges.

Un peu au dessus de chaque bractée on retrouve le renflement particulier, *m*, que j'ai signalé plus haut sur les tiges de *sphenophyllum* (fig. 1, pl. xxviii).

Dans l'intérieur de l'axe, autour du faisceau vasculaire central, on remarque des cellules rectangulaires à

parois épaisses, superposées en files verticales et sans
ponctuations, que j'ai indiquées dans les jeunes rameaux
de *sphenophyllum* par la lettre *c'*.

Si donc ces caractères communs sont suffisants pour
légitimer l'attribution aux *sphenophyllum* de ce fragment d'épi, les fructifications de ces plantes se compo-
seraient d'une série de verticilles de bractées fertiles
superposées sans alternance de verticilles stériles,
comme dans les *annularia* et les *asterophyllites*.

A l'aisselle de certaines bractées se trouveraient disposés un ou deux *macrosporanges, sp,* renfermant une
ou deux *macrospores, ma* (fig. 9, pl. xxx). Le macrosporange a été comprimé contre la tige et la bractée à
l'aisselle de la laquelle il se trouvait a été brisée en
g"; un faisceau de trachées, *tr,* se dirige dans l'enveloppe déchirée du *macrosporange*.

Plus haut, au troisième verticille, une macrospore,
ma', est sortie de l'enveloppe du macrosporange, *sp',*
et repose sur la bractée; le *macrosporange* a été rompu
par la pression qu'a subi tout ce côté de l'épi.

Entre les deux verticilles à *macrosporanges,* s'en
trouve un autre qui porte une bractée avec un con-
ceptacle, *mi,* rempli de granulations blanches qui ne
peuvent être que des *microspores;* la bractée qui sup-
portait le *microsporange* a été également brisée en *g"*.

Les *microsporanges* paraissent avoir été épiphylles
car à gauche de l'épi, au troisième verticille, on voit un
microsporange adhérent encore à la face supérieure de
la bractée qui n'a subi ni compression, ni rupture. Les
autres bractées visibles dans le dessin ont perdu les
fructifications qui s'y trouvaient probablement comme
sur les premières.

De cette description incomplète, il résulte que les

épis de *sphenophyllum*, en admettant l'exactitude de l'attribution que je viens de faire, se composaient d'une série de bractées disposées en verticilles, portant alternativement des *macrosporanges* placés à leur aisselle et des microsporanges portés à une certaine distance de l'axe, sur le limbe de la feuille.

On conçoit que la disposition relative des macrosporanges et des microsporanges puisse un jour fournir un bon élément de classification quand on connaîtra un plus grand nombre d'épis.

Il est à regretter que je n'aie pu fixer le nombre des bractées insérées à chaque verticille qui pourtant m'a semblé ne pas devoir dépasser trois, le nombre des *macrosporanges* et des *microsporanges* ; mais l'échantillon de 4^{mm} de longueur, qui ne pouvait fournir qu'une coupe longitudinale, était insuffisant comme dimensions et comme conservation pour répondre à toutes les questions importantes qui pouvaient se présenter à l'esprit.

La connaissance plus complète de la tige des *sphenophyllum* et de l'organisation probable de leurs fructifications vient-elle confirmer quelques-unes des opinions émises par les nombreux auteurs qui ont discuté sur la place que ces plantes devaient occuper dans l'échelle botanique ?

Vient-elle surtout corroborer celle qui range les *sphenophyllum* parmi les *lycopodiacées* ?

Dans cet ordre, la tribu des *lycopodiacées hétérosporés*, renfermant les genres *selaginella* et *isœtes*, pourrait seule fournir des éléments de comparaison, puisque ce sont les seuls qui offrent à la fois des macrospores et des microspores.

Mais la structure de la tige dans ces deux genres n'a aucun rapport avec celle offerte par la tige des *spheno-*

phyllum, tige si bien caractérisée par ses articulations portant des feuilles en verticille et par son axe ligneux à trois faisceaux distincts. S'il y a quelques rapports communs du fait de la présence de *macrospores* et de *microspores* dans les épis de sélaginelle et dans ceux des *sphenophyllum*, là s'arrêtent les rapprochements possibles.

Quant aux *isœtes*, les différences entre ce genre et le genre fossile sont encore plus frappantes, et sous le rapport de la disposition des fructifications et sous celui surtout de la structure de la tige, la comparaison ne peut se soutenir un seul instant.

On a comparé, comme nous l'avons vu précédemment, les *sphenophyllum* aux *marsiliacées*. Les feuilles du *Sp. truncatum*, du *S. Thonii*, ne laissent pas en effet que d'avoir quelque analogie de forme avec celles de quelques *marsilia*, mais la structure de la tige ou rhizome, dans ce dernier genre, ne peut en rien être comparée à celle des *sphenophyllum* ; et de plus les macrosporanges et les microsporanges sont réunis dans une enveloppe commune. Les mêmes remarques peuvent se faire relativement à la structure de la tige des *pilulaires* et à la position de leurs *macrosporanges* et *microsporanges*.

Reste dans la famille des rhizocarpées, la tribu des *salviniées*. M. le docteur C.-A. Bertrand, le premier, m'a fait remarquer qu'il pouvait exister des analogies entre les *salvinia*, plantes si chétives de nos jours, et les *sphenophyllum*.

On sait que la tige des *salvinia* présente une série de verticilles ternaires alternants ; une des feuilles réduite à une touffe de radicelles plonge constamment dans l'eau, les deux autres flottent à la surface.

L'axe ligneux se compose de trois faisceaux vasculaires comme dans les *sphenophyllum*. Le cylindre ligneux est entouré d'une couche de grandes cellules à sections sensiblement rectangulaires non ponctuées, comme dans les jeunes rameaux du genre fossile.

En dehors se trouve un cercle de lacunes que l'on ne rencontre pas, il est vrai, dans les *sphenophyllum*, mais ces plantes n'étaient pas aussi essentiellement aquatiques et flottantes que les *salvinia*.

Dans cette dernière tribu, les macrosporanges et les microsporanges sont distincts et séparés ; les épis de *sphenophyllum* offrent la même séparation dans ces organes.

Les rameaux des *salvinia* naissent entre une feuille immergée et une feuille flottante ; dans les *sphenophyllum*, un rameau naît dans le prolongement même de l'un des rayons de l'axe triangulaire, par conséquent entre deux feuilles contiguës qui sont placées symétriquiment par rapport à ce rayon. (Voir fig. 2, pl. xxx, et fig. 2 et 3, pl. xxviii).

L'étude plus complète du genre fossile et du genre vivant montrera si les analogies peuvent s'étendre plus loin, en tenant compte des modifications nécessairement très importantes dans la structure de la tige des feuilles et des fructifications d'une *salvinia* qui, passant de l'état précaire où elle se rencontre maintenant, deviendrait frutescente et aérienne.

EXPLICATION DES PLANCHES

CONCERNANT LES SPHENOPHYLLUM

PLANCHE XXVI.

FIGURE 1. — Coupe transversale passant par un nœud d'un échantillon, peut-être le S. *erosum* provenant des gisements silicifiés d'Autun (gr. 8 diam.).

a. Axe triangulaire parcourant toute la longueur de la tige sans aucun renflement aux articulations.

La partie centrale est formée de gros vaisseaux à ponctuations elliptiques aréolées.

Vers les angles du triangle les vaisseaux ponctués sont remplacés presque totalement par des vaisseaux rayés, b, qui se creusent en gouttière et enveloppent un faisceau de trachées c.

d. Zone vasculaire formée de tubes ponctués aréolés, la section de ces vaisseaux est quadrangulaire, ils sont plus volumineux entre les extrémités de l'axe triangulaire que dans les parties qui correspondent aux angles.

Entre ces vaisseaux se trouvent de minces bandes verticales de tissu cellulaire peu apparentes dans cette coupe transversale.

e. Région où les vaisseaux ponctués sont de même nature qu'en d, mais plus petits.

f. Tissu cellulaire très peu résistant, rarement conservé, c'est la couche la plus interne de l'écorce.

g. Tissu disposé en bandes rayonnantes et régulières, analogue à du tissu subéreux.

i. Partie fibreuse de l'écorce très épaisse dans cette portion de l'échantillon qui correspond à une articulation.

h. Traces laissées dans le tissu fibreux de l'écorce par les faisceaux vasculaires au nombre de dix-huit, qui se rendent aux feuilles.

FIG. 2. — Coupe transversale d'un échantillon venant de Saint-Étienne, S. *stephanense*; la section passe par un nœud et rencontre les faisceaux vasculaires qui se rendent aux feuilles (gros. 35 d.).

b. Extrémité de l'un des angles du faisceau vasculaire central et qui est composée dans cette partie de vaisseaux scalariformes.

c. Région occupée par des trachées déroulables, de cette région s'échappent deux faisceaux vasculaires, *h h*, qui se dirigent presque horizontalement.

Dans la portion cellulaire de l'écorce comprise entre l'axe ligneux et la partie fibreuse extérieure, ces deux faisceaux se sont dédoublés, car nous retrouvons quatre branches qui pénètrent dans la région fibreuse, et les plus extérieures de ces branches, *h' h''*, se bifurquent à leur tour avant de sortir de la tige.

m m. Représentent les sillons existants entre les bases des feuilles qui reçoivent chacune dans cette espèce trois faisceaux vasculaires issus de *l'un* des deux faisceaux partant de l'extrémité de l'axe triangulaire.

f. Portion interne de l'écorce non conservée.

Fig. 3. — Coupe transversale faite un peu au dessus du milieu de l'entre-nœud, elle passe dans la partie du limbe foliaire qui est divisé en trois lanières.

p p p. Ces trois sections appartiennent à la même feuille, et *p' p' p'* à une autre feuille voisine insérée sur le même verticille que la précédente ; il n'y a qu'un seul faisceau vasculaire dans chaque division foliaire.

m m. Sillons normaux de la tige au nombre de trois qui parcourent tout l'entre-nœud.

m'. Sillons qui ne sont bien distincts que près des nœuds et dus aux intervalles des bases de feuilles légèrement renflées.

n n. Poils ou piquants qui existent autour de la tige le long des rainures.

Fig. 4. — Tige feuillée de *S. stephanense* un peu plus grande que nature, on voit trois articulations dont deux portent des feuilles. La surface de la tige a été entamée par la cassure du fragment siliceux, la base de la feuille se termine souvent sous un angle droit ou aigu *r* (premier verticille) ; cette tendance de la feuille à former au dessous de l'articulation un coude plus ou moins accentué, se remarque encore mieux dans les empreintes des épis du *S. angustifolium.*

Fig. 5. — (Grandeur naturelle).

m. Tige portant un rameau *n* ; on peut remarquer que le rameau se trouve dans un plan vertical passant par le centre de la tige et l'une des extrémités de l'axe triangulaire ; de plus que le faisceau triangulaire du rameau a une orientation symétrique par rapport au faisceau de la tige et un plan tangentiel médian.

Fig. 6. — Coupe transversale de l'axe triangulaire d'une tige de *sphenophyllum* (gros. 40 d.).

a. Vaisseaux à ponctuations aréolées du centre.

b. Vaisseaux scalariformes placés à la suite ; ces vaisseaux qui se prolongent en *c*, accompagnés extérieurement de quelques vaisseaux ponctués, forment souvent une lacune *c'* qui, dans les échantillons bien conservés, se présente remplie de trachées déroulables et déroulées, à un ou deux rangs de spires. Dans cet échantillon les trachées ont disparu.

c'. Lacune très apparente à cause de la disparition du faisceau trachéen qui occupait cette extrémité de l'axe triangulaire.

d. Première rangée de gros tubes à ponctuations elliptiques, aréolées, faisant le tour du faisceau vasculaire central, les tubes sont de même nature sur tout le contour mais plus petits aux trois angles.

l. Tissu conjonctif existant quelquefois entre l'axe vasculaire et son enveloppe *d* plus extérieure.

Fig. 7. — Coupe transversale d'une feuille de Sp. *stephanense* (gros. 35 d.).

a a. Coupe des trois nervures longitudinales de la feuille dans la partie du limbe qui n'est pas encore divisée en trois lanières.

f f. Couche de cellules épidermiques, rectangulaires, formant la surface supérieure de la feuille et d'un seul rang de cellules.

f' f'. Surface inférieure de la feuille ; les cellules sont plus petites, arrondies, et forment deux ou trois rangées.

i. Tissu utriculaire, intermédiaire, lâche et lacuneux, le plus souvent mal conservé.

Fig. 8. — Feuille de *sphenophyllum stephanense* ; les incisions entre les dents devraient être deux ou trois fois plus profondes qu'elles ne l'ont été indiquées dans la figure.

PLANCHE XXVII.

Fig. 9. — Coupe longitudinale passant par l'axe et par un rameau d'un *sphenophyllum* provenant d'Autun.

a. Vaisseaux à ponctuations aréolées occupant la partie centrale de l'axe.

c. Vaisseaux scalariformes et trachées de l'un des angles du faisceau triangulaire.

e. Vaisseaux à ponctuations aréolées ; on voit les cellules allongées, transversales, réunissant les bandes cellulaires verticales qui se forment entre les couches concentriques des tubes ponctués enveloppant l'axe ligneux triangulaire. Sur les parois des tubes on distingue les ponctuations.

i. Portion de l'écorce formée de cellules fusiformes.

m. Rameau partant de l'axe vasculaire dans le plan de l'un des rayons.

n. Trace de vaisseaux se dirigeant vers une feuille ; l'axe du rameau doit passer entre deux feuilles, on s'en convaincra en se reportant à la figure 2 de la planche xxvi, les trois faisceaux qui se rendent dans deux feuilles contiguës sont placés à droite et à gauche du plan vertical passant par l'un des trois angles de l'axe ligneux ; la fig. 5, pl. xxvi, montre au contraire que le rameau se trouve précisément dans ce dernier plan.

Fig. 10. — Coupe longitudinale passant par l'axe central et l'un des rayons de l'étoile (gros. 15 diam.).

a. Vaisseaux aréolés du centre.

b. Vaisseaux scalariformes de l'extrémité du rayon.

c. Vaisseaux formés de trachées déroulables.

c'. Lacune formée par la disparition des trachées.

d. Réseau formé par des cellules allongées, verticales et transversales ; ce réseau dirigé perpendiculairement aux couches concentriques des tubes ponctués est figuré en blanc. Entre les mailles on voit les parois des tubes avec leurs ponctuations.

e. Région de l'enveloppe extérieure vasculaire occupée par des tubes de moindre diamètre et qui correspond aux angles de l'axe ligneux triangulaire.

f. Première couche corticale en partie détruite.

g. Partie subéreuse.

i. Portion fibreuse de l'écorce non figurée.

Fig. 11, 12, 13, 14 et 15. — Coupes longitudinales passant par un des angles de l'axe (gros. 60 d.).

Fig. 11. — *i.* Partie fibreuse de l'écorce ; en s'avançant vers l'intérieur les cellules deviennent plus courtes et leurs parois moins épaisses.

g. Région corticale analogue à du suber.

Fig. 12. — *f.* Tissu cellulaire très délicat qui forme la couche la plus interne de l'écorce.

d. Couche vasculaire enveloppant l'axe central et formé de tubes à ponctuations aréolées, ou simplement aréolés, suivant l'état de leur conservation ; le réseau cellulaire à mailles rectangulaires leur donne, dans les échantillons de mauvaise conservation, l'aspect de cellules à parois épaisses superposées en files verticales.

Fig. 13. — *l.* Tissu lâche existant entre l'enveloppe vasculaire précédente et le faisceau vasculaire central.

a. Vaisseaux réticulés ou à ponctuations aréolées de l'un des côtés concaves de l'axe.

b b. Vaisseaux scalariformes de l'une des extrémités de l'axe triangulaire.

c. Mélange de vaisseaux scalariformes plus petits et de trachées.

c'. Vide laissé par la contraction ou la disparition de vaisseaux spiraux.

e. Enveloppe de tubes à ponctuation aréolée dans la partie qui correspond à l'un des angles du cylindre triangulaire ligneux.

Fig. 16 et 17. — Différents aspects que peuvent prendre les tubes à ponctuations aréolées dans les échantillons mal conservés.

PLANCHE XXVIII.

Fig. 1. — Coupe longitudinale d'une portion de tige de *sphenophyllum quadrifidum*, passant par un mérithalle et deux nœuds, dirigée suivant la ligne MN de la figure 2 (gros. 14 d.).

a. Vaisseaux ponctués du centre.

b. Vaisseaux rayés composant en partie les rayons de l'étoile triangulaire.

tr. Trachées qui occupent les extrémités des trois angles de l'axe ligneux.

i. Faisceaux vasculaires formés de vaisseaux rayés et de trachées, qui se détachent des angles de l'axe pour se porter dans les feuilles.

c. Première enveloppe formée de gros tubes à ponctuations aréolées qui entoure l'axe ligneux ; des cellules transversales, *x*, donnent à ces tubes l'apparence de cellules superposées.

c'. Deuxième enveloppe composée d'un ou deux rangs de cellules à sections rectangulaires, plus hautes que larges, à parois épaisses non ponctuées, et qui se rencontre principalement dans les jeunes rameaux.

d'. Tissu formé de cellules à sections rectangulaires, à parois minces, disposées en files verticales, simulant du tissu subéreux.

e. Éléments fibreux de l'écorce.

g. Coupe longitudinale de deux feuilles du verticille inférieur.

g'. Coupe longitudinale d'une portion seulement de deux feuilles du verticille supérieur.

i'. Un des deux faisceaux vasculaires qui, après avoir traversé l'écorce, se rend dans la feuille.

l. Cellules à sections rectangulaires de même nature que celles représentées en *c'* et que l'on retrouve dans le voisinage du faisceau vasculaire de la feuille.

l'. Grosses cellules, semblables aux précédentes, devant accompagner les faisceaux vasculaires de racines adventives.

m. Mamelon placé un peu au dessus de l'aisselle de chaque feuille, peut-être déterminé par la présence d'un bourgeon expectant. A l'aisselle des feuilles on voit des grains de pollen, *p*, qui s'y sont rassemblés quand la plante était encore debout.

n. Mamelon placé au dessous des feuilles pouvant servir d'insertion à des poils cloisonnés, *o*, ou encore à des racines adventives quand les feuilles étaient immergées.

r. Grosses cellules ou lacunes existant dans le parenchyme de la feuille vers la base.

Fig. 2. — Coupe transversale faite dans un entre-nœud un peu au dessus d'une articulation, elle rencontre un verticille formé de six feuilles dressées (gros. 14 d.).

a. Partie centrale de l'axe ligneux triangulaire formé de vaisseaux ponctués et aréolés.

b. Vaisseaux scalariformes.

tr. Trachées occupant les extrémités des angles de l'axe ligneux.

c. Première gaîne entourant cet axe formée de gros tubes ponctués.

c'. Deuxième gaîne composée de cellules rectangulaires *non ponctuées*.

d'. Partie cellulaire parenchymateuse de l'écorce.

e. Région fibreuse plus extérieure.

f. Trois cannelures fortement accusées qui sillonnent la tige longitudinalement dans les entre-nœuds.

f'. Sillons moins accusés alternant avec les cannelures précédentes et correspondant aux angles de l'axe ligneux.

g. Verticille composé de six feuilles coupées transversalement au dessous du point où elles se divisent en lanières.

h. Faisceaux vasculaires au nombre de quatre qui parcourent la feuille dans toute sa longueur.

MN. Ligne suivant laquelle a été dirigée la coupe représentée fig. 1.

Fig. 3. — (Gros. 14 d.).

a, b, c, c'. Même signification que dans les figures précédentes.

La coupe a été faite à la hauteur d'une articulation. Les deux faisceaux de trachées, *tr*, envoient en *i* deux branches, chacune de ces branches pénètre dans la partie fibreuse de l'écorce et s'y subdivise en deux autres, *j j*. On a ainsi douze faisceaux vasculaires qui se distribuent deux à deux dans chacune des six feuilles; ces deux faisceaux vasculaires qui pénètrent à la base de chaque feuille s'y divisent presque immédiatement chacun en deux autres, et le limbe se trouve ainsi parcouru par quatre nervures dans toute sa longueur. Une feuille ne reçoit de faisceaux vasculaires que de l'un des six faisceaux primitifs de l'axe.

f, f'. Cannelures principales et cannelures secondaires de la tige à la hauteur d'un nœud.

Fig. 4. — Extrémité de l'un des trois angles de l'axe ligneux (gros. 100 d.).

a, b. Comme précédemment.

t, t'. Les deux points d'où émergent les trachées qui se rendent dans les organes foliaires.

i i. Cellules allongées qui accompagnent les faisceaux vasculaires qui se rendent aux feuilles.

FIG. 5. — Coupe transversale d'une portion de la gaine, c, qui entoure l'axe et prise dans un échantillon âgé et par conséquent formé d'un assez grand nombre de couches concentriques de tubes ponctués (gros. 95 d.).

c. Gros tubes ponctués de la gaine à section rectangulaire.

z. Groupe de cellules étroites, mais allongées verticalement, qui se forment au point de jonction des angles de quatre tubes voisins et appartenant à deux couches concentriques successives.

x. Cellules étroites mais allongées transversalement qui, passant entre les tubes, relient les précédentes seulement dans le sens du rayon, de manière à former un réseau multicellulaire, à mailles rectangulaires, dont le plan est vertical et dirigé radialement.

PLANCHE XXIX.

FIG. 1. — Coupe transversale faite dans la gaine formée par les tubes ponctués, mais appartenant à un individu encore plus âgé que le précédent (gros. 45 d.).

c. Tubes ponctués.

z. Production cellulaire très abondante entre les couches concentriques.

x. Cellules transversales qui relient les cellules longitudinales de deux couches concentriques voisines.

a. Vaisseaux ponctués de l'axe.

b. Vaisseaux rayés de l'extrémité.

t. Trachées.

FIG. 2.—Tubes ponctués coupés longitudinalement (gr. 100 d.).

z. Coupe de cellules longitudinales, allongées, qui se développent aux angles des tubes ponctués ; on voit par transparence à travers leurs parois les ponctuations, k k, des tubes entre lesquels elles se sont formées.

x. Cellules transversales plus ou moins irrégulières qui relient les files verticales. L'ensemble de ces cellules appliqué sur la face radiale des tubes donne à ces derniers l'apparence de grosses cellules rectangulaires à parois épaisses et disposées en files verticales, quelquefois disjointes par une compression mécanique ou par altération de la paroi du tube, comme les figures 17, 16, de la planche XXVII, nous en ont offert un exemple.

y. Réseau hexagonal des ponctuations des tubes ; au centre

se trouve un pore elliptique ou une fente quand la conservation est bonne, il devient circulaire et plus gros et même peut se confondre avec le réseau hexagonal indiqué sur la paroi du tube lorsque l'échantillon est plus ou moins altéré. Le tube paraît alors réticulé et à mailles hexagonales ; mais cet aspect n'est, comme on le voit fig. 17, pl. xxvii, que le résultat de l'altération plus ou moins avancée de la paroi.

Fig. 3. — Portion de coupe longitudinale passant par l'extrémité de l'un des angles de l'axe ligneux (gr. 95 d.).

a. Vaisseaux ponctués, aréolés, à pores elliptiques du centre de l'axe.

b. Vaisseaux scalariformes situés plus près de l'extrémité.

t. Trachées déroulables et déroulées.

b'. Faisceaux vasculaires qui vont se détacher de l'axe pour se porter aux feuilles.

c. Tubes ponctués se présentant avec l'apparence de grosses cellules superposées.

x et z. Comme précédemment.

Fig. 4. — Coupe longitudinale dirigée un peu obliquement par rapport à un des diamètres de la tige, dans la couche formée par les gros tubes ponctués.

A gauche de la figure les tubes sont coupés dans une direction tangentielle, on voit qu'ils sont continus, mais que de distance en distance leurs parois sont soulevées par la présence de cellules transversales en nombre variable ; ces cellules, coupées perpendiculairement à leur grande dimension, ont l'aspect de rayons médullaires très courts, x.

A droite les tubes sont coupés un peu obliquement et leurs parois montrent en perspective le soulèvement qu'a déterminé la production des cellules transversales, x'.

z. Cellules longitudinales développées entre les tubes.

w. Bords crénelés de la paroi du tube ponctué qui a été coupé longitudinalement.

y. Pores elliptiques.

Fig. 5. — Coupe transversale d'une racine de sphenophyllum (gros. 14 d.).

a. Axe ligneux très réduit formé par des vaisseaux rayés.

c. Tubes ponctués disposés en couches concentriques nombreuses autour de l'axe ligneux.

u. Silice amorphe, l'écorce a disparu.

Fig. 6. — Coupe longitudinale de la même racine dirigée suivant un diamètre.

b. Axe ligneux formé de vaisseaux scalariformes.

c. Tubes ponctués entourant l'axe *b.*

x. Cellules transversales se développant entre les tubes dans le sens du rayon comme dans les tiges.

z. Cellules longitudinales réunies de distance en distance et assez régulièrement par les précédentes.

v. Cellules transversales coupées perpendiculairement à leur grande dimension et imitant des rayons médullaires.

PLANCHE XXX.

Figure 1. — (Grandeur naturelle.) Rameau effeuillé de *sphenophyllum* provenant d'Autun ; aux articulations on remarque de fines ponctuations, passages des faisceaux vasculaires des feuilles. La tige est lisse, les feuilles n'ont pas laissé de traces de leur insertion. Le nombre des faisceaux vasculaires parcourant l'écorce était de dix-huit, disposés très régulièrement et en rayonnant comme le montre la fig. 1 de la planche xxvi.

Fig. 2. — (Grandeur naturelle.) Fragment dépourvu de son écorce émettant en avant un rameau dans le plan de l'un des rayons du triangle vasculaire de l'axe.

Fig. 3. — (Grandeur naturelle.) Le même échantillon vu dans une position différant de 90° de la précédente ; il est facile de se convaincre que la tige, dépourvue de son écorce, n'est pas renflée aux articulations et que le rameau est solitaire.

Fig. 4. — Coupe transversale d'un jeune rameau ; l'axe ligneux triangulaire et son enveloppe formée de tubes ponctués ont été seulement représentés.

tr. Trachées disposées en deux groupes à chaque extrémité des angles du triangle ligneux.

a. Vaisseaux ponctués ne remplissant pas encore toute la partie centrale de l'axe, indiquant ainsi que le développement a marché des centres trachéens en direction centripète.

a'. Vaisseaux n'ayant pas encore atteint tout leur développement.

c. Deux couches concentriques de tubes ponctués sur l'une

des faces seulement; les deux autres faces n'en possèdent qu'une rangée. Cependant on voit en *c" c"* quelques-uns de ces tubes qui sont en voie de formation en dehors de la première couche.

Fig. 5. — Rameau encore plus jeune en coupe transversale un peu oblique (gr. 45 d.). La première couche de tubes est moins complète que dans l'exemple précédent, une des faces paraît en manquer totalement. Mais en dehors, en *c'*; on aperçoit une couche de cellules coupées obliquement; ces cellules à sections rectangulaires sont représentées plus grossies en *c'* (5 *bis*), elles sont à parois épaisses sans ponctuations et forment une deuxième gaîne autour de l'axe ligneux triangulaire ; elles sont colorées en noir intérieurement comme si elles avaient renfermé une substance riche en carbone (amidon, gomme, résine, etc.)

Cette couche semble disparaître dans les rameaux plus développés.

Fig. 6. — Coupe transversale d'une feuille de *sphenophyllum quadrifidum* (gros. 45 d.).

k. Tissu lâche du parenchyme intérieur.

t. Faisceaux vasculaires lunulés qui le parcourent et qui correspondent aux nervures extérieures.

ep. Épiderme inférieur de la feuille.

st. Stomates.

e'p'. Épiderme supérieur formé de cellules à sections rectangulaires et un peu plus grosses que celles plus arrondies qui forment l'épiderme inférieur.

Fig. 7. — Coupe longitudinale un peu oblique de la couche à tubes ponctués et de la deuxième enveloppe extérieure, prise dans l'échantillon figuré en 1, pl. xxviii.

c. Tubes ponctués accompagnés de cellules longitudinales et transversales.

c'. Deuxième couche formée de cellules en partie colorée et sans ponctuations.

d'. Tissu subéreux.

Fig. 8. — Coupe longitudinale montrant en *g* la base d'une feuille, en *e*, une touffe de poils et en *m*, le mamelon placé au dessus de l'aisselle de chaque feuille (gros. 45 d.).

Fig. 9. — Fragment d'épi de *sphenophyllum* (gros. 18 d.).

B. R.   14

La figure montre quatre verticilles ; l'échantillon a subi une compression qui a brisé les bractées situées du côté droit.

c'. Cellules rectangulaires à parois épaisses, sans ponctuations visibles, analogues aux cellules désignées par la lettre *c'* dans les figures précédentes, elles entourent le faisceau vasculaire *a*.

a. Faisceau vasculaire occupant l'axe de l'épi et formé de vaisseaux scalariformes et de trachées.

g. Bractées disposées en verticille.

g''. Extrémités de bractées rompues.

sp. *Macrosporange* dont l'enveloppe, formée de cellules caractéristiques de ces organes, est en partie déchirée.

ma. *Macrospore* incluse.

tr. Trachées qui se rendent à la base de l'enveloppe du macrosporange et qui partent de l'aisselle de la bractée inférieure.

sp'. *Macrosporange* déchiré complétement.

ma'. *Macrospore* détachée et retenue par la bractée inférieure près de son aisselle.

s. *Microsporange* adhérent au fragment de bractée brisé, *g'*, et ramené contre la tige par la pression de corps étrangers.

mi. *Microspores*.

s'. Autre *microsporange* en place à la partie supérieure de la bractée sur laquelle il s'est développé.

mi'. *Microspores*.

m. Mamelon **supra-axillaire** analogue au mamelon signalé plus haut sur les tiges de *sphenophyllum*.

n. Mamelon inférieur à la bractée correspondant à l'organe désigné plus haut par la même lettre sur les tiges de *sphenophyllum*.

Fɪɢ. 10. — *Microsporange* (gros. 45 d.).

sp. Enveloppe du *microsporange* formée de cellules à section presque carrée, à parois assez épaisses, le microsporange paraît soudé à la bractée *g* et réellement *épiphylle*.

mi. Microspores nombreuses et encore très jeunes.

g'. Bractée stérile ou ayant perdu ses fructifications enlevées par le froissement qu'a subi ce fragment rompu d'épi de *sphenophyllum*.

m. Comme précédemment.

Fɪɢ. 11. — Macrosporange grossi (gros. 45 d.).

sp. Enveloppe du macrosporange d'une structure analogue à celle du microsporange.

ma. Macrospore déchiré à la partie supérieure, on distingue les cellules qui constituent sa surface.

g". Bractée rompue, la base seule a persisté et est restée adhérente à la tige, à son aisselle on distingue quelques vaisseaux spiraux qui sont venus de l'axe.

tr. Faisceaux vasculaires passant par l'aisselle de la bractée *g"* et se dirigeant vers l'enveloppe du macrosporange à la base duquel il se perd.

Le macrosporange, pour ce motif, semble plutôt axillaire qu'épiphylle comme cela arrive pour les microsporanges. Malheureusement le mauvais état de conservation de l'échantillon a rendu impossible une affirmation positive sur ce point.

m. Même signification que précédemment.

Fig. 12. — Feuille de *sphenophyllum erosum*, var. *saxifragæfolium*, trouvée en empreinte dans la silice et encore attachée à sa tige qui ne diffère en rien de la tige des *sphenophyllum* que nous avons décrits précédemment (grandeur naturelle).

ERRATA

Page 3, ligne 10, au lieu de cavités, lire : *ouvertures.*

Page 14, ligne 3 en remontant, lire : *une partie des échantillons a été recueillie.*

Page 19, ligne 3, lire : *représentent quatre des classes que...*

Page 23, ligne 1 en remontant, lire : *chaque lame du verticille fertile.*

Page 27, ligne 1, supprimer : *au nombre de quatre,* à la suite de cinq sporangiophores peltoïdes.

Page 32, ligne 1 en remontant, lire : *est peu différente.*

Page 104, ligne 17, lire : *Loxsoma.*

Page 106, ligne 8, lire : *les spores sont un peu plus grandes dans le* Botryopteris dubius, *fig. 7, que dans les* Zygopteris, *fig. 8, et surtout que dans le* Botryopteris forensis, *fig. 9.*

Page 126, ligne 1 en remontant, lire : *cinq autres faisceaux verticaux et rectilignes.*

Page 133, ligne 1 du renvoi, lire : *signalé.*

TABLE DES MATIÈRES

TABLE DES PLANCHES

Autun. — Imprimerie Dejussieu père et fils.

Pl. 1.

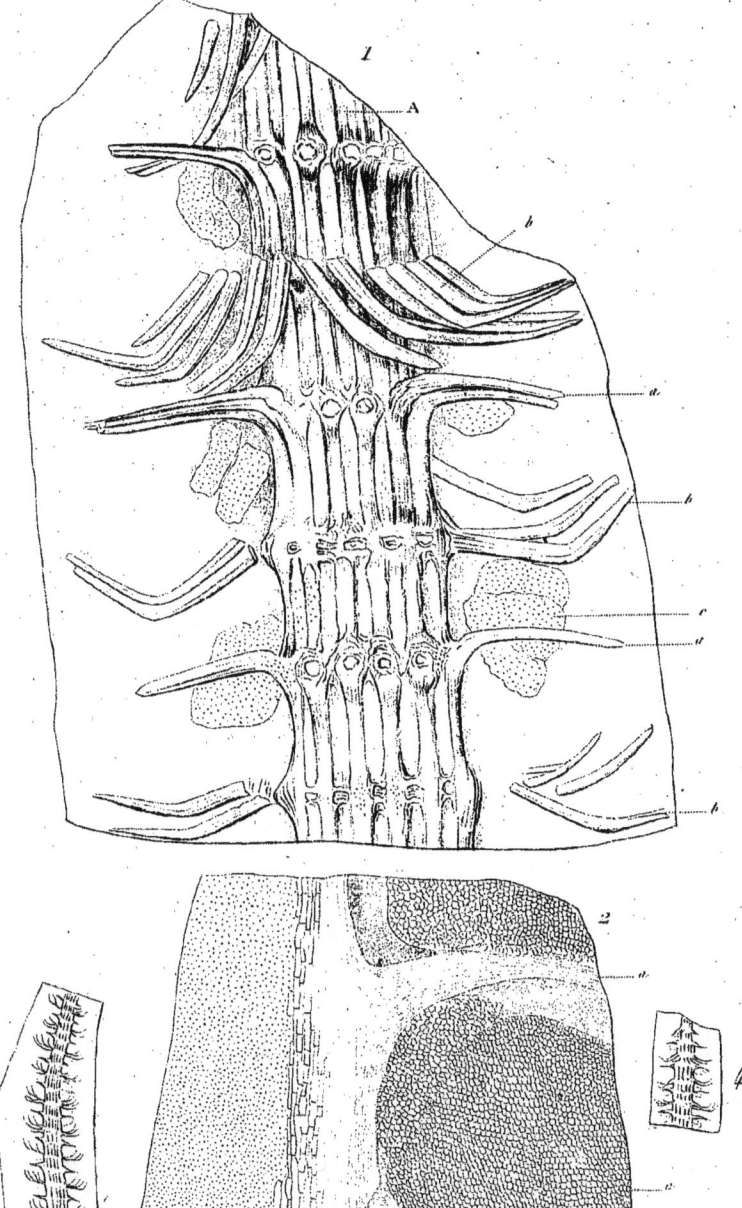

B. Ren. del.

Épi fructifié
d'*Annularia longifolia*.

Imp. A. Salmon, r. Vieille Estrapade, 15, Paris.

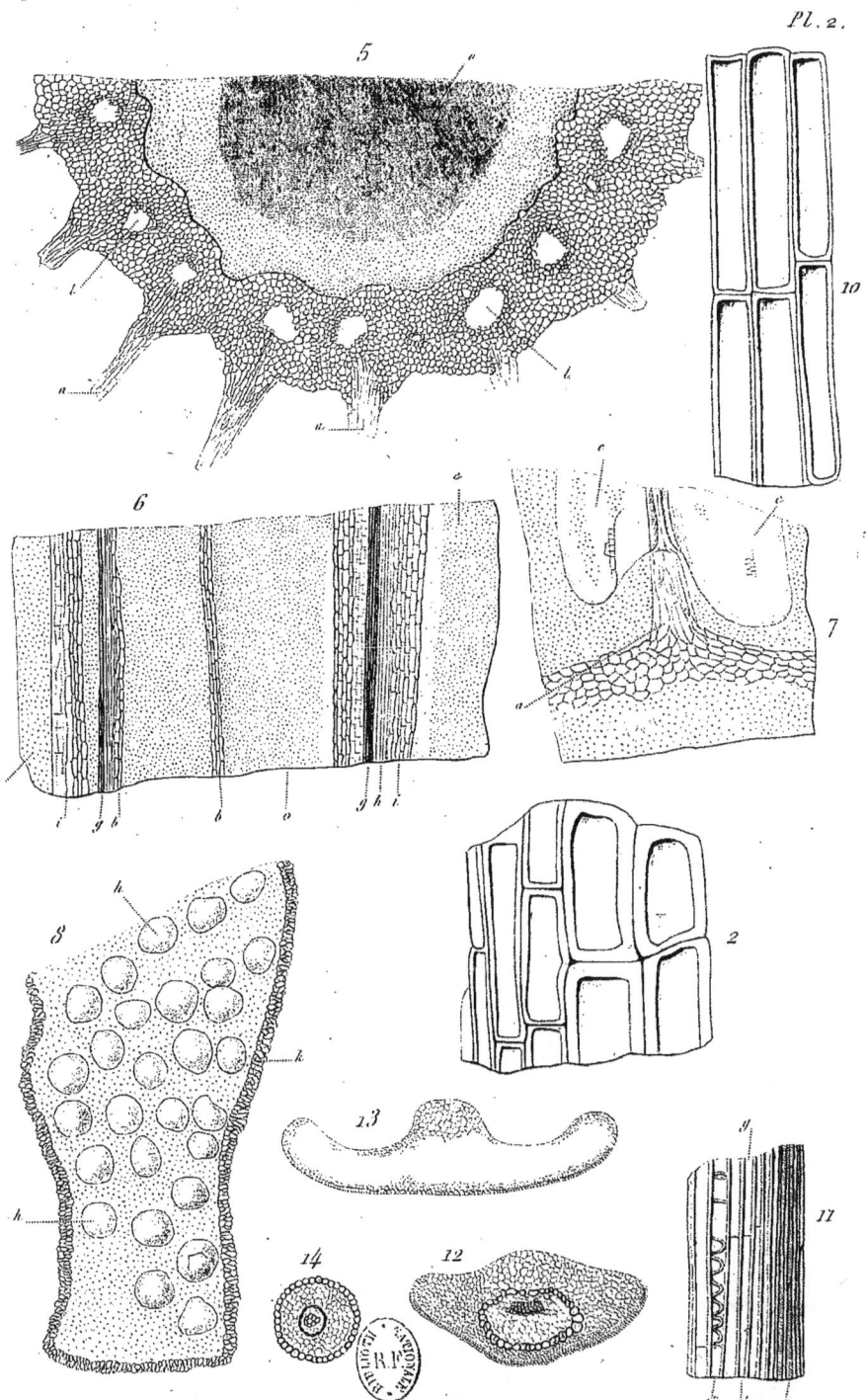

Pl. 2.

B. Ren. del.

Epi fructifié
d'Annularia longifolia détails microscopiques.

Imp. A. Salmon, r. Vieille Estrapade, 15, Paris.

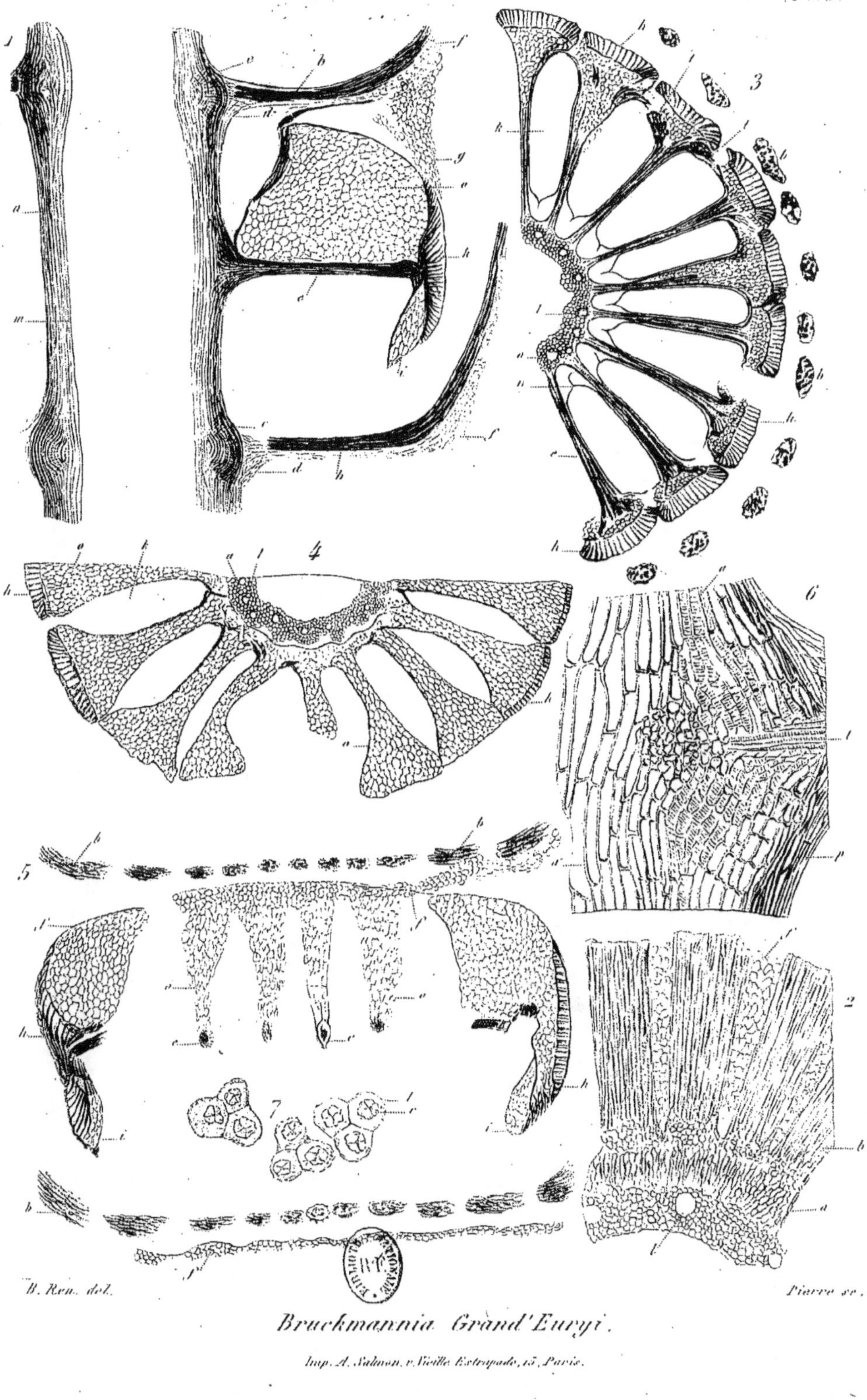

Pl. 3.

B. Ren. del.

Pierre sc.

Bruckmannia Grand'Euryi.

Imp. A. Salmon, r. Vieille Estrapade, 15, Paris.

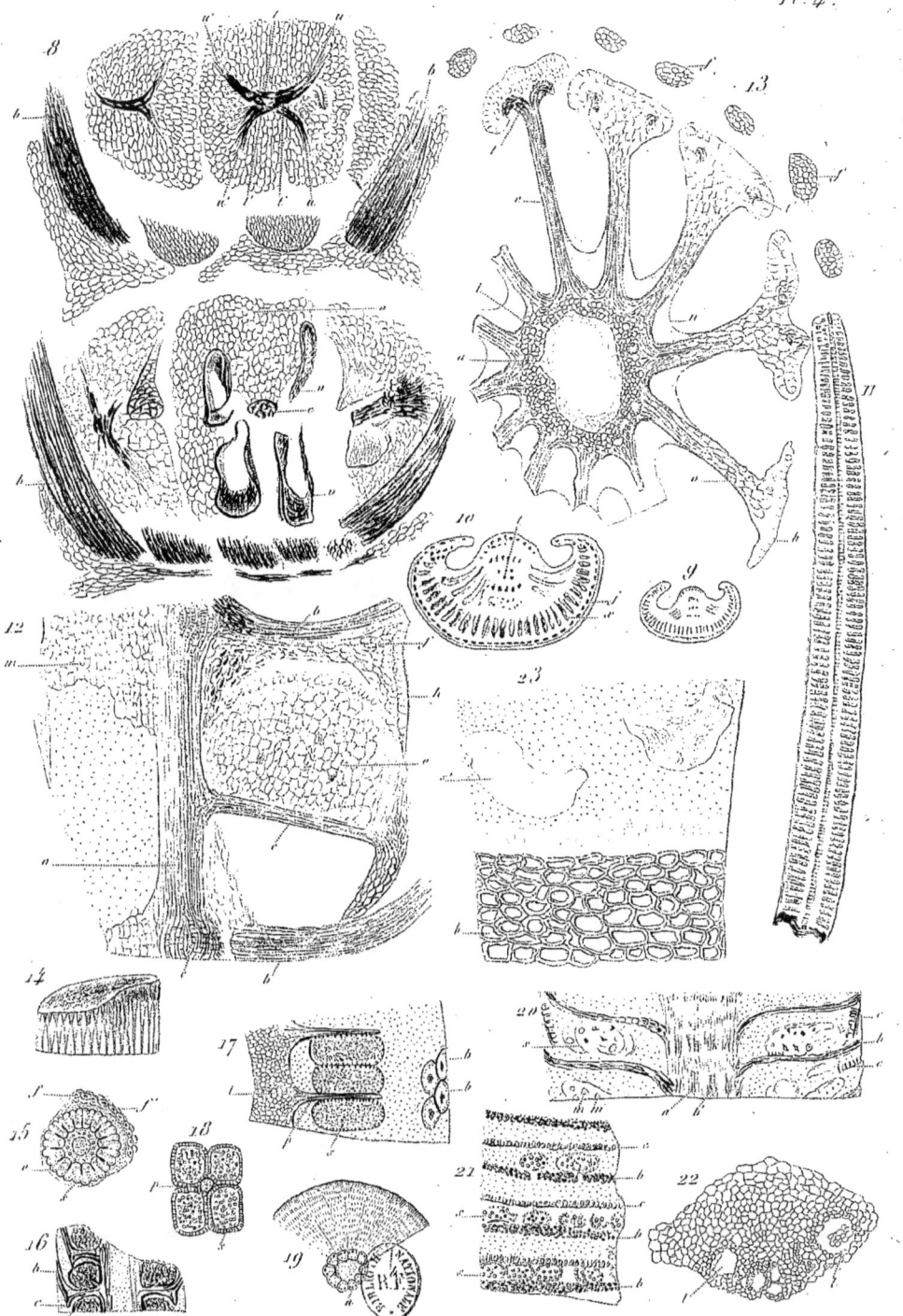

Pl. 4.

B. Rea. del.

Pierre sc.

Bruckmannia Grand'Euryi. Volkmannia — Equisetites infundibuliformis.

Imp. A. Salmon, r. Vieille Estrapade, 15, Paris.

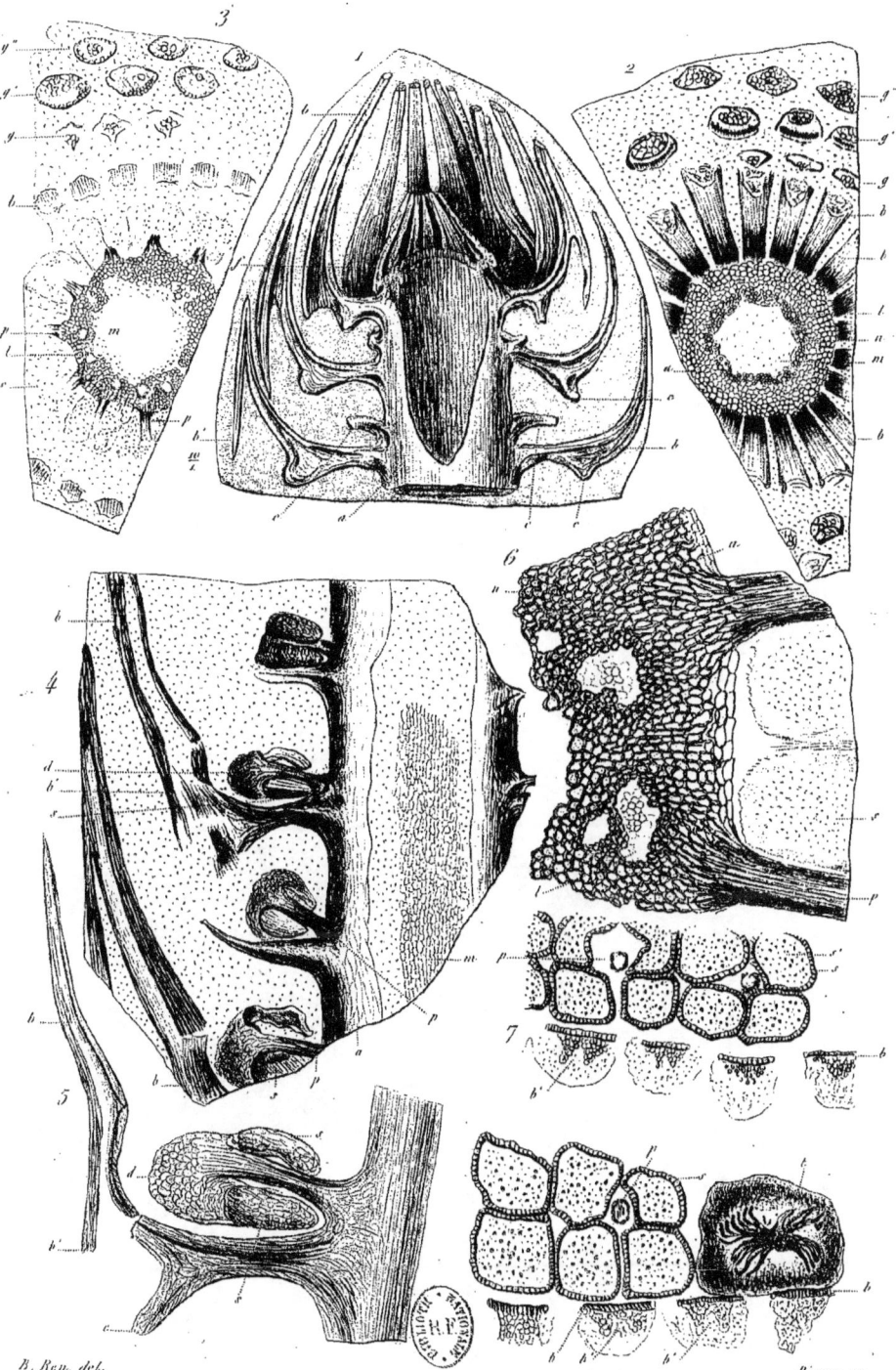

Pl. 6.

Volkmannia gracilis.

B. Ren. del.

Pierre sc

Imp. A. Salmon, r. Vieille Estrapade, 15. Paris.

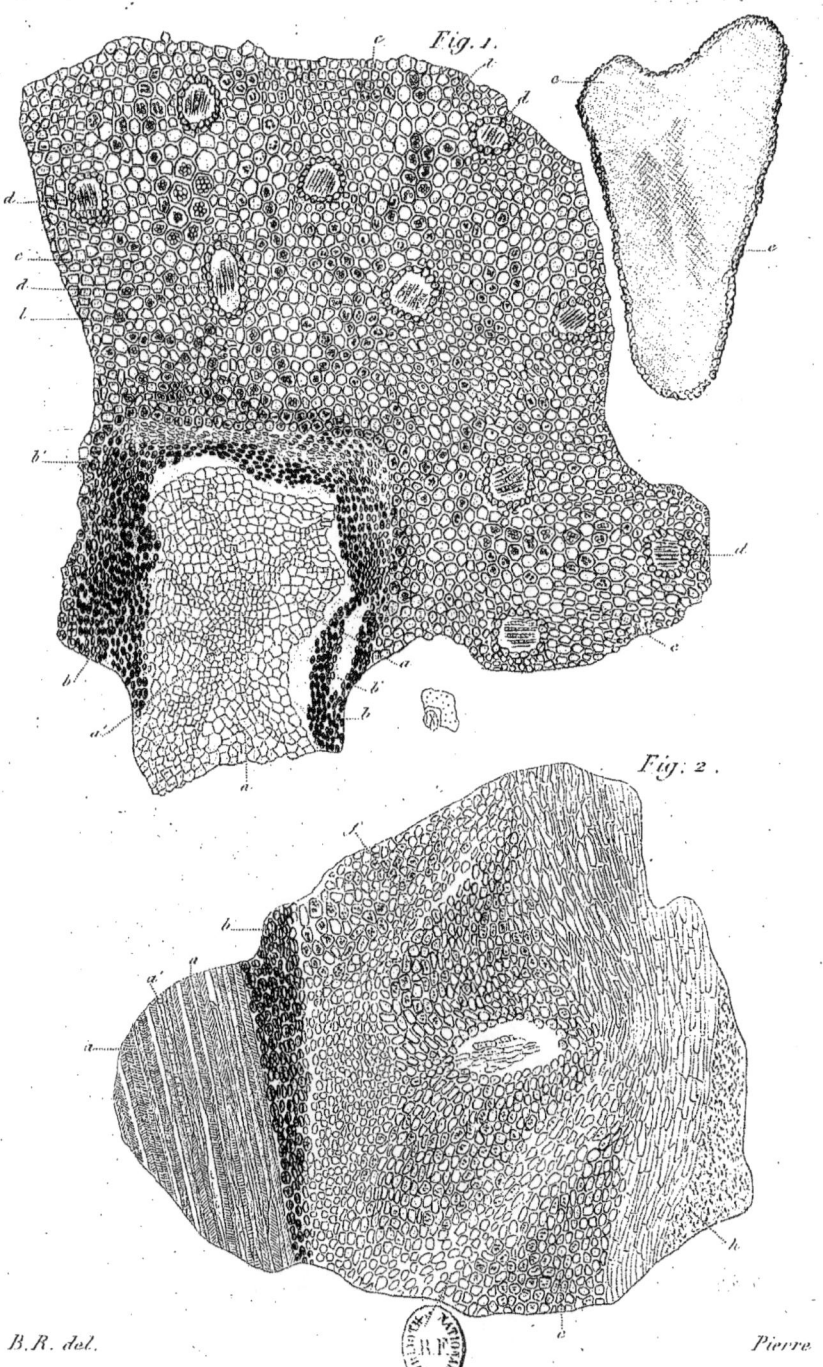

Fig. 1.

Pl. 6

Fig: 2.

B.R. del.

Pierre sc.

Zygopteris Brongniartii B. Ren.

Imp. A. Salmon, r. Vieille Estrapade, 15, Paris.

Pl. 7.

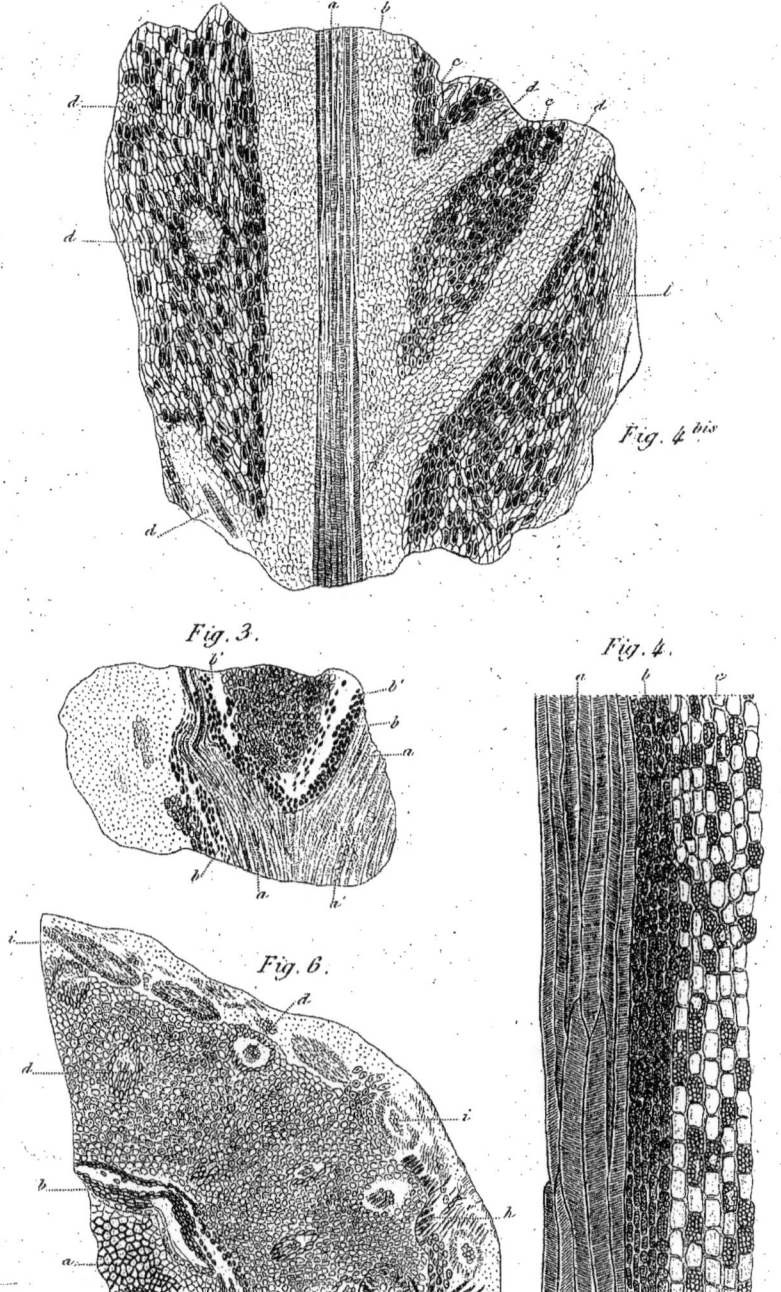

Fig. 4 bis

Fig. 3.

Fig. 4.

Fig. 6.

B. R. del.

Pierre sc.

Zygopteris Brongniartü B. Ren.

Imp. A. Salmon, r. Vieille Estrapade, 15, Paris

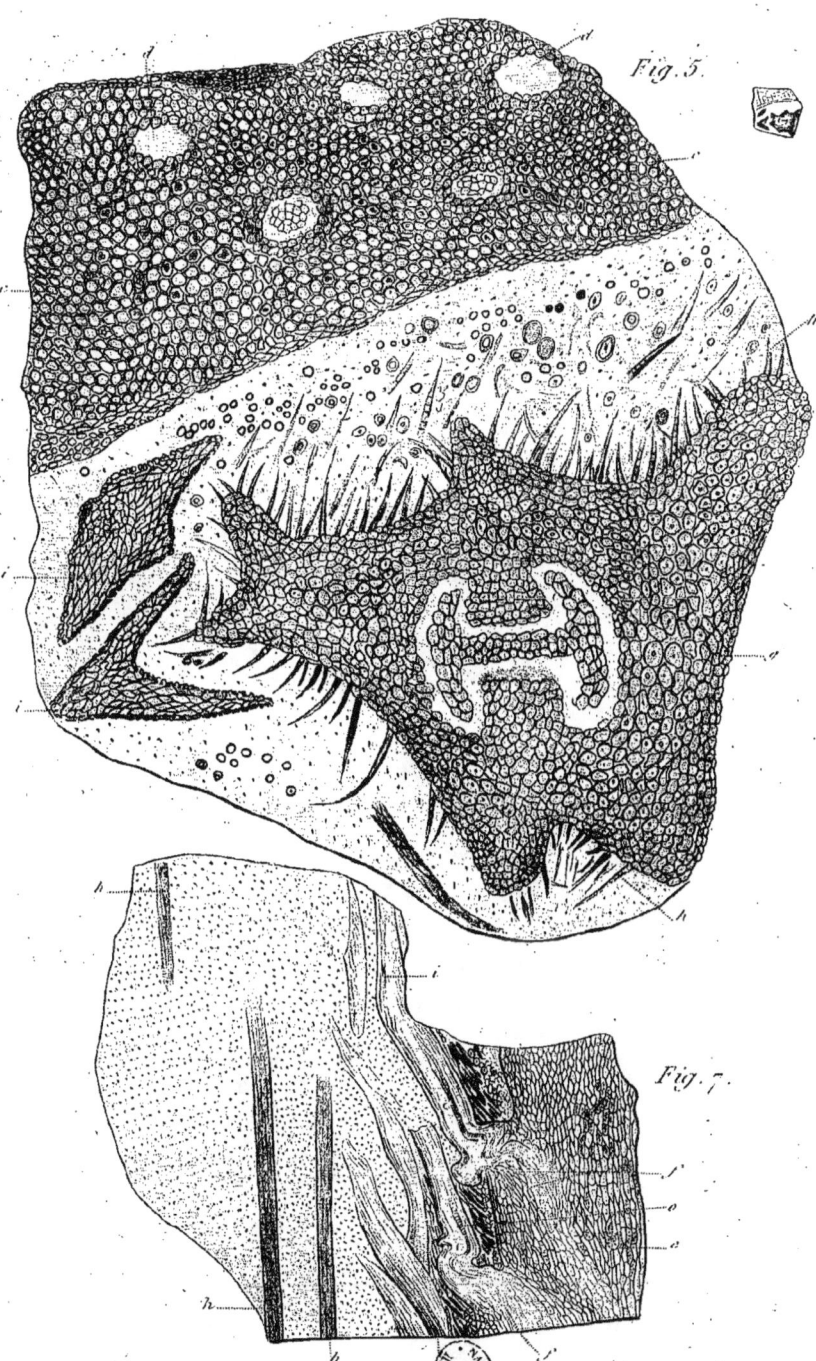

Pl. 8.

Fig. 5.

Fig. 7.

B. R. del.

Pierre sc.

Zygopteris Brongniartii B. Ren.

Imp. A. Salmon, r. Vieille Estrapade, 15, Paris.

Pl. 9.

Fig. 7 *bis*

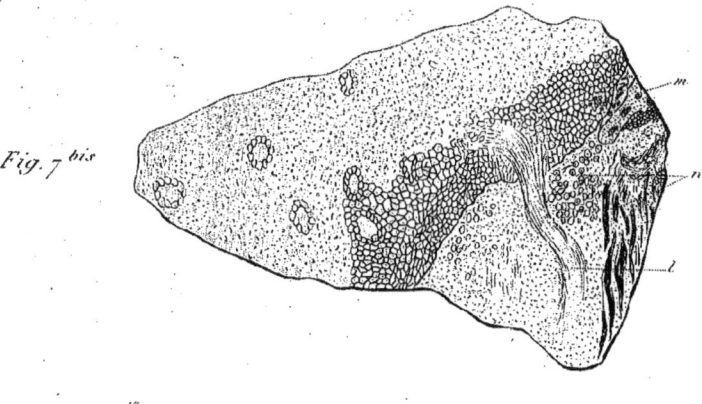

Fig. 9.

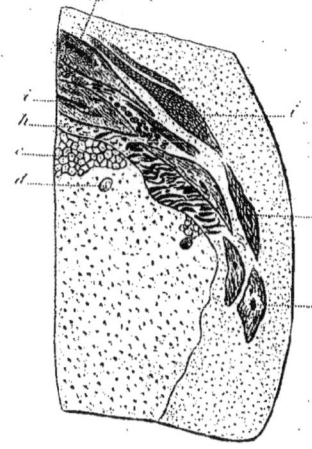

Fig. 8.

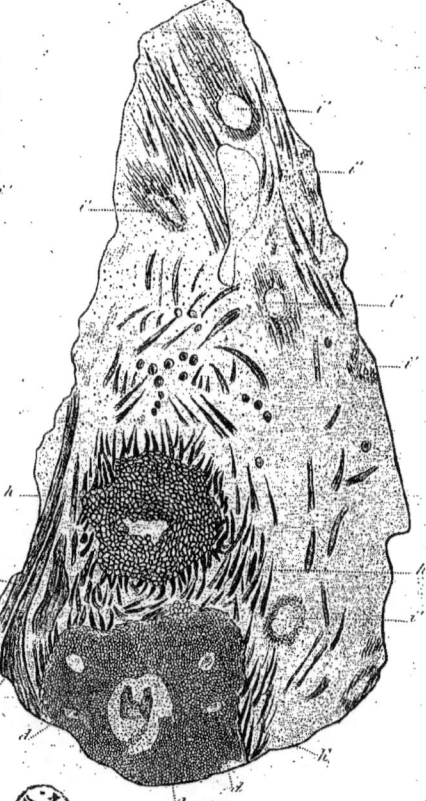

Zygopteris Brongniartii B. Ren.

Imp. A. Salmon, r. Vieille Estrapade, 15. Paris.

Pl. 10.

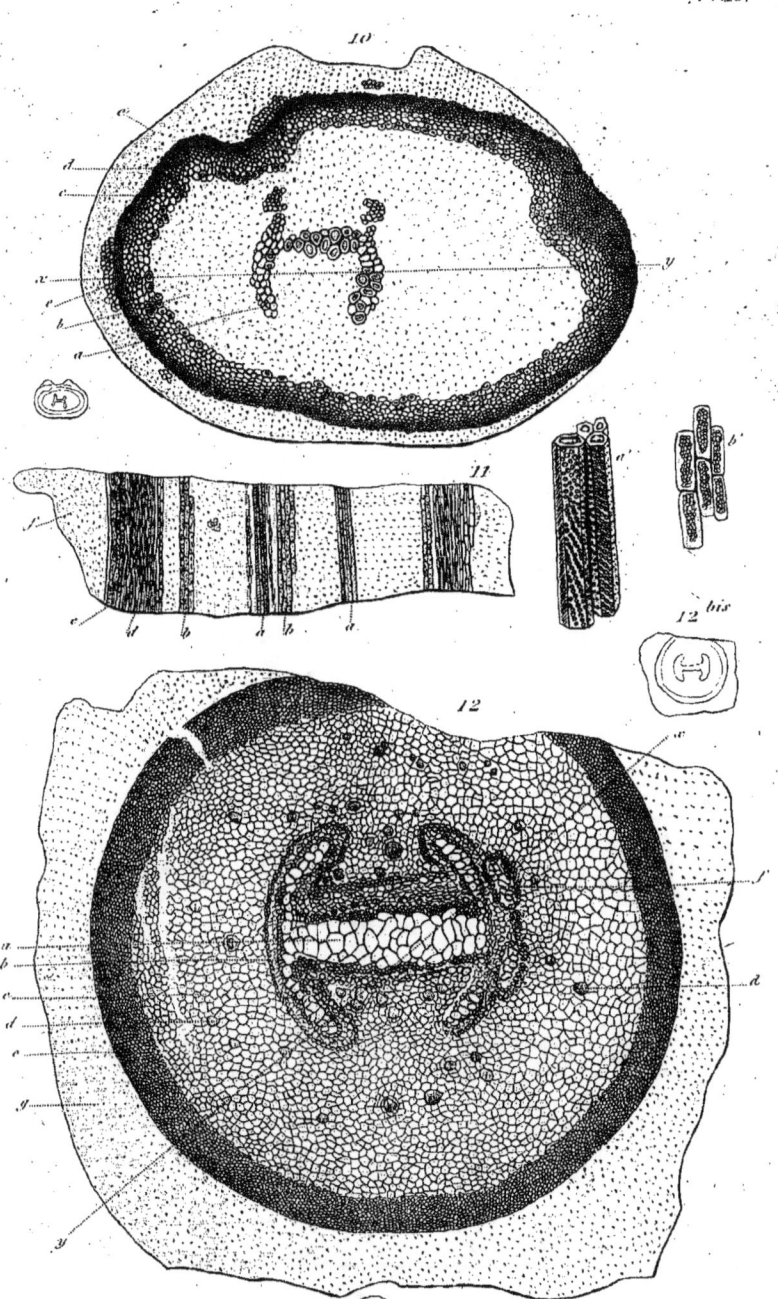

B. R. del.

Pierre sc.

Fig. 10, 11 Zygopteris elliptica B. Ren. Fig. 12 Zygopteris Lacattii B. Ren.

Imp. A. Salmon, r. Vieille Estrapade, 15, Paris.

Pl. II.

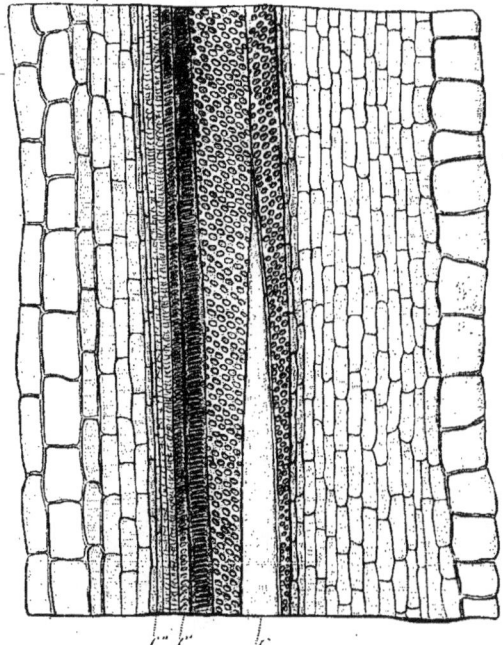

14

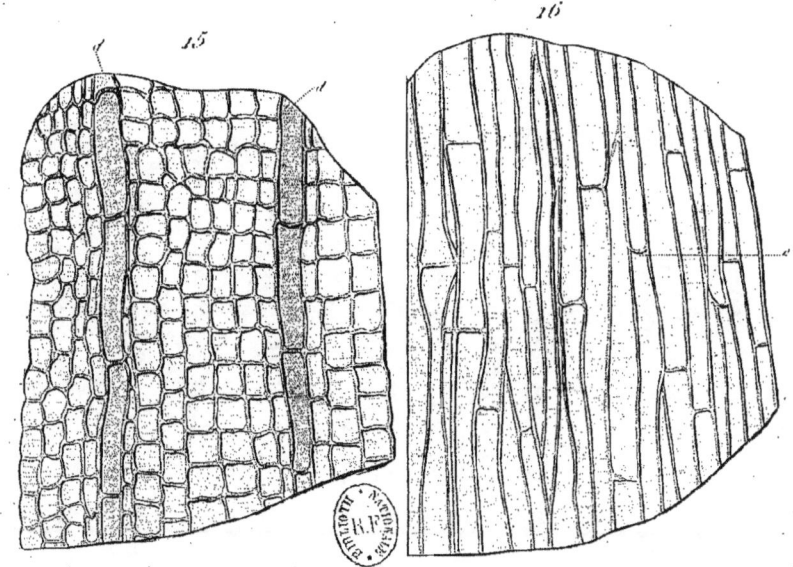

15   16

B. R. del.

Pierre sc.

Zygopteris Lacattü B. Ren.

Imp. A. Salmon, r. Vieille Estrapade, 5, Paris.

Pl.12.

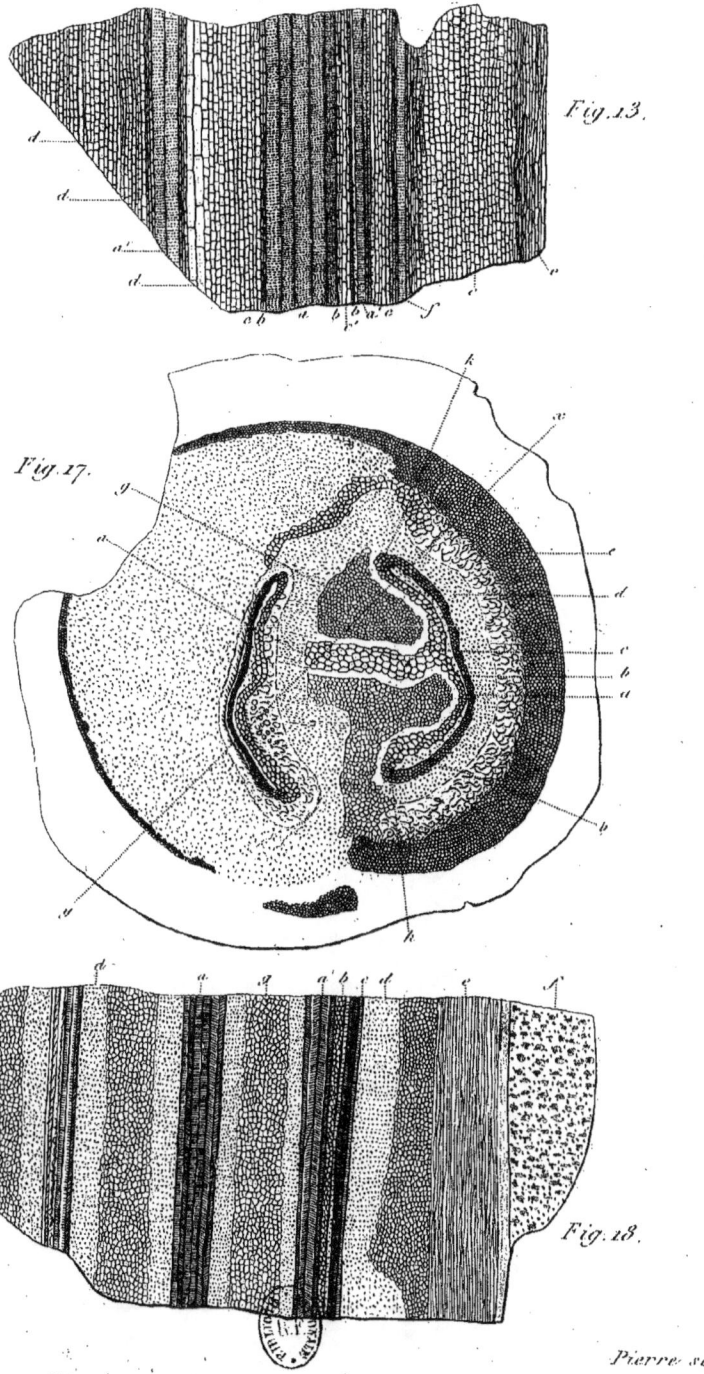

Fig.13.

Fig.17.

B.R. del.

Pierre sc.

Fig.17-18 Zygopteris bibractensis B. Ren.

Fig.18.

Imp. A. Salmon, r. Vieille Estrapade, 15, Paris.

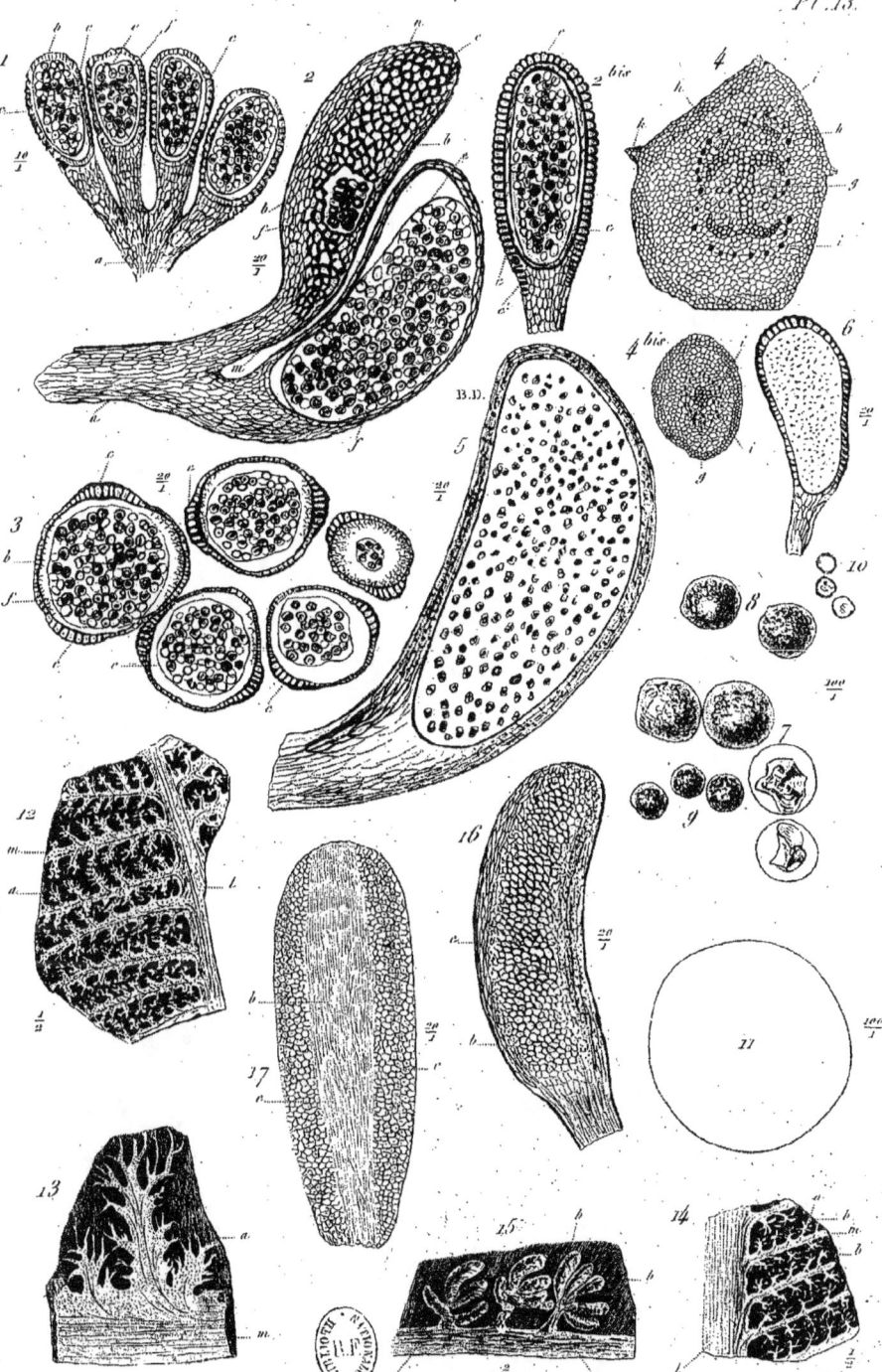

Pl. 13.

Zygopteris _ Schizopteris _ Androphyllum.

B. Ren. del.

Pierra sc.

Imp. A. Salmon, r. Vieille Estrapade, 15, Paris.

Pl. 14.

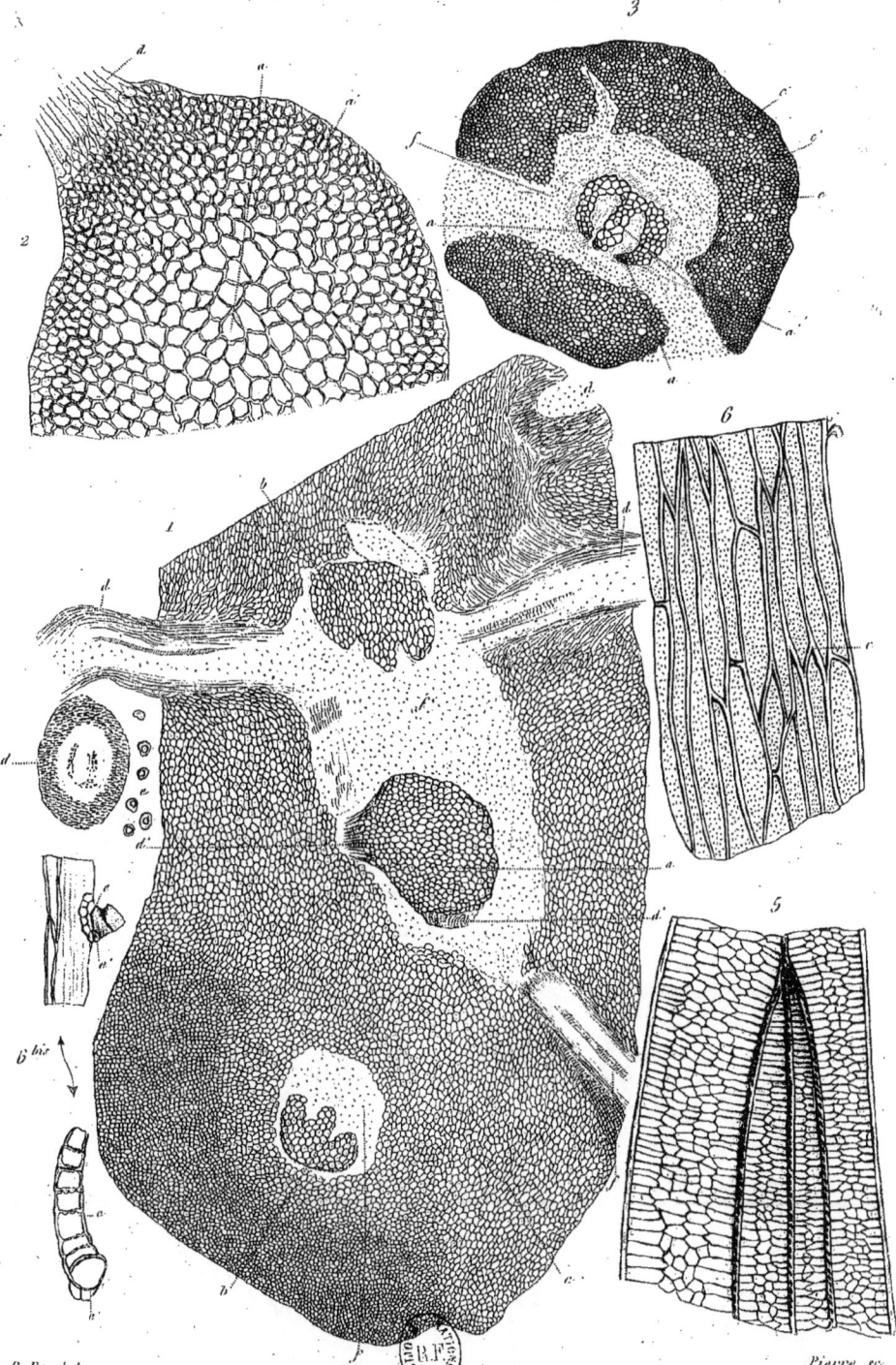

B.Rt. del.

Pierre sc.

Botryopteris forensis.

Pl. 15.

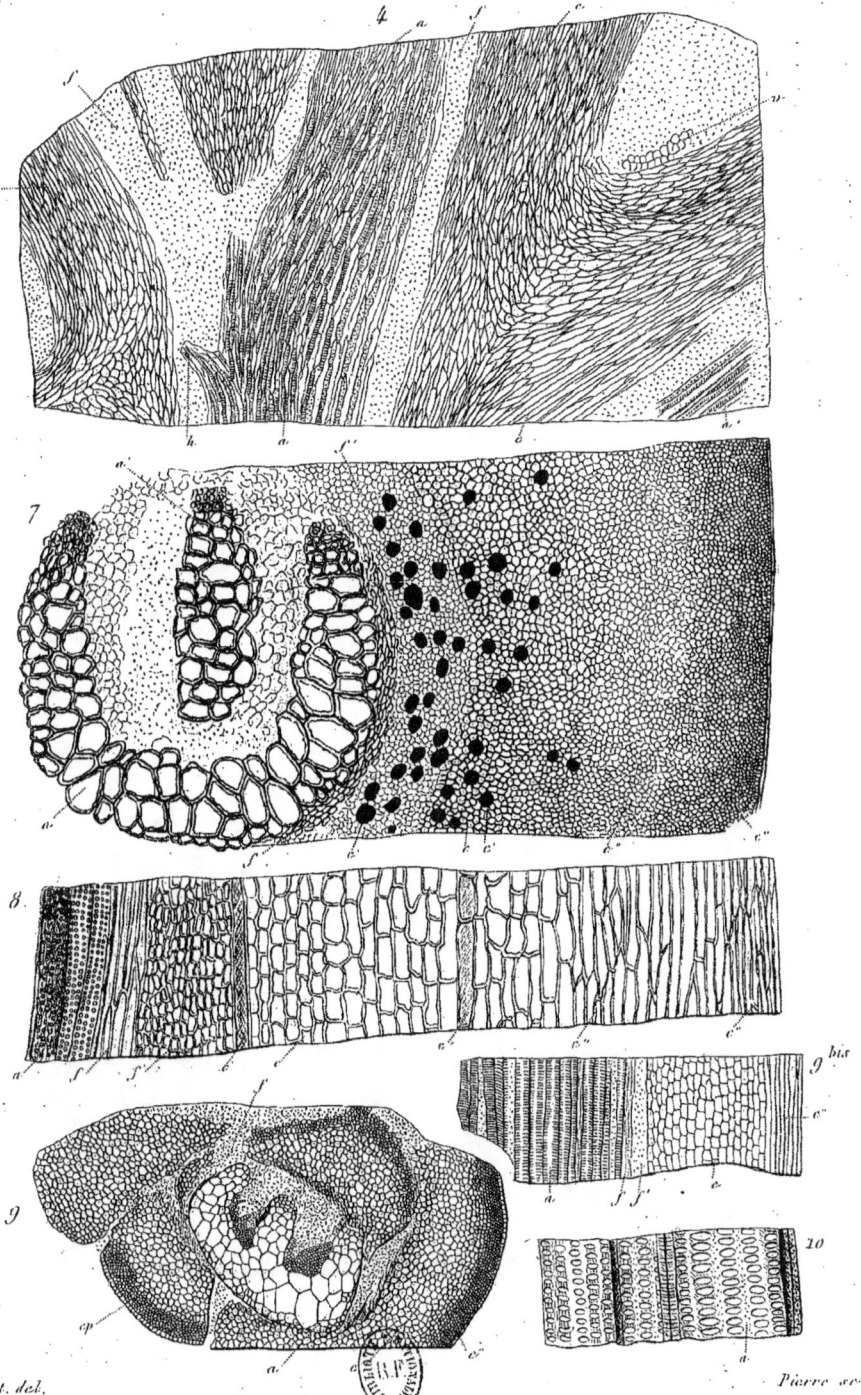

Botryopteris forensis.

Imp. A. Salmon, r. Vieille Estrapade, 15, Paris.

Pl. 16.

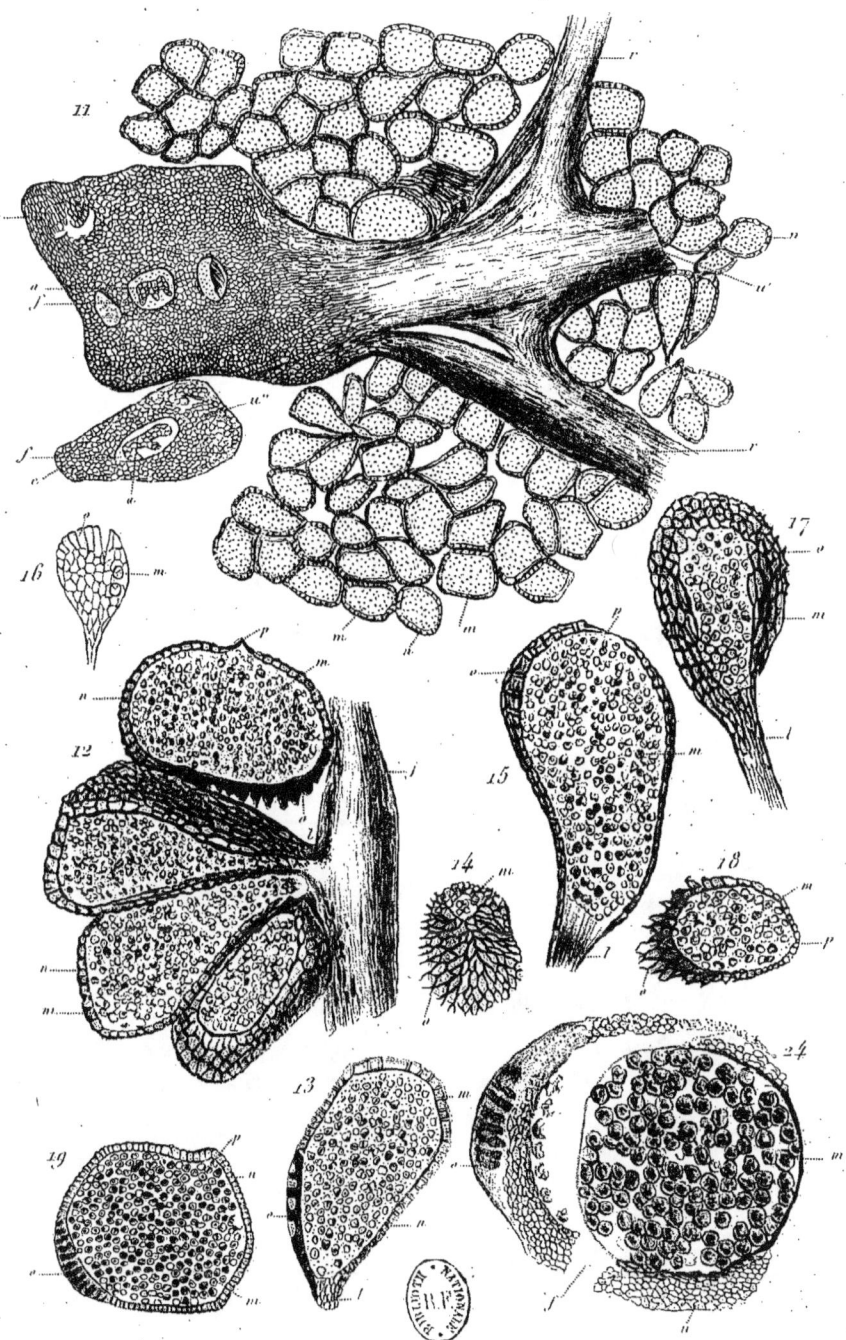

B. Rt. del.

Pierre sc.

Botryopteris forensis.

Imp. A. Salmon, r. Vieille Estrapade, 15, Paris.

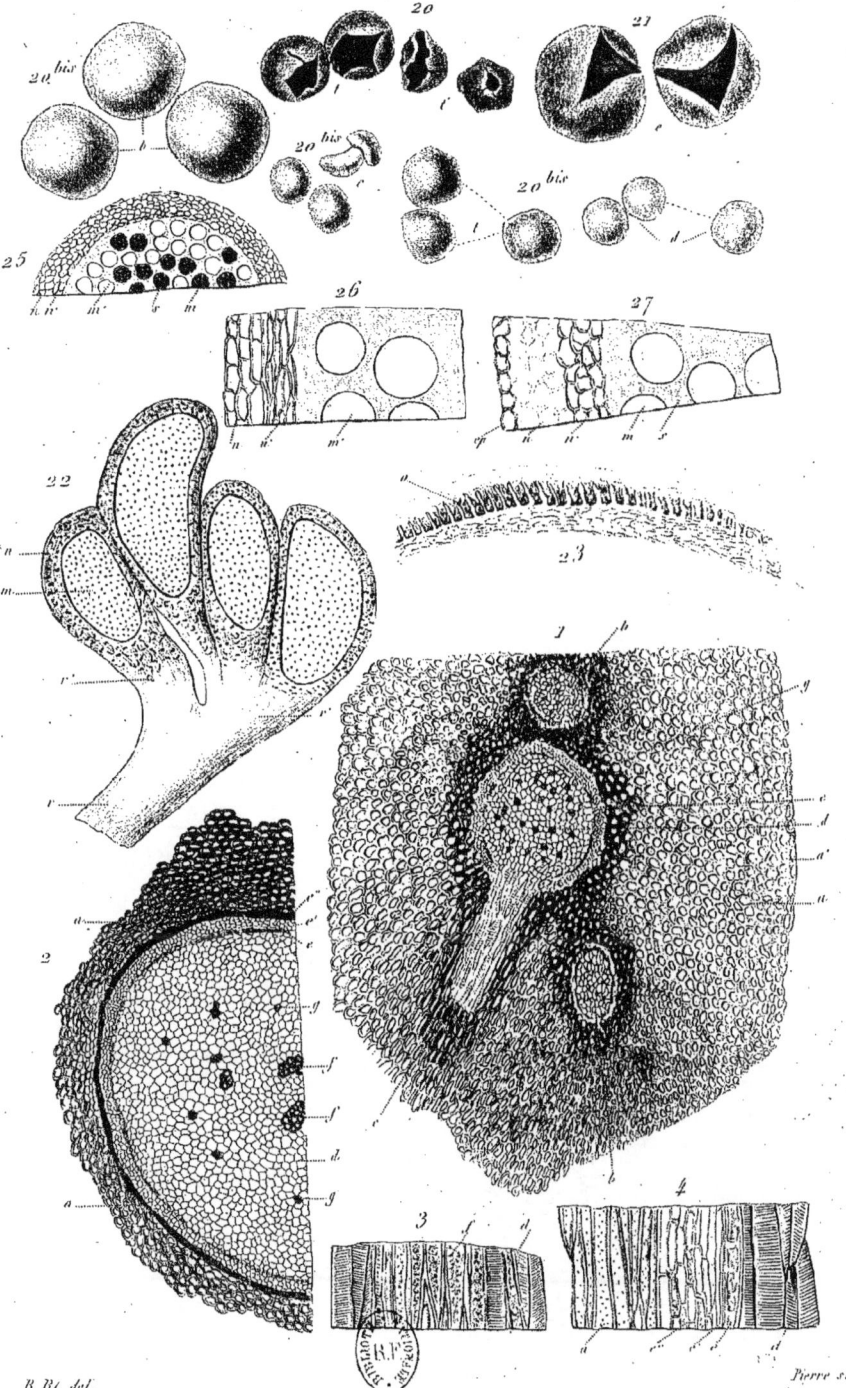

Pl. 17.

Trichomanes floribundum __ Prieurii.

B. Rl. del.

Pierre sc.

Imp. A. Salmon, r. Vieille Estrapade, 15, Paris.

Pl. 18.

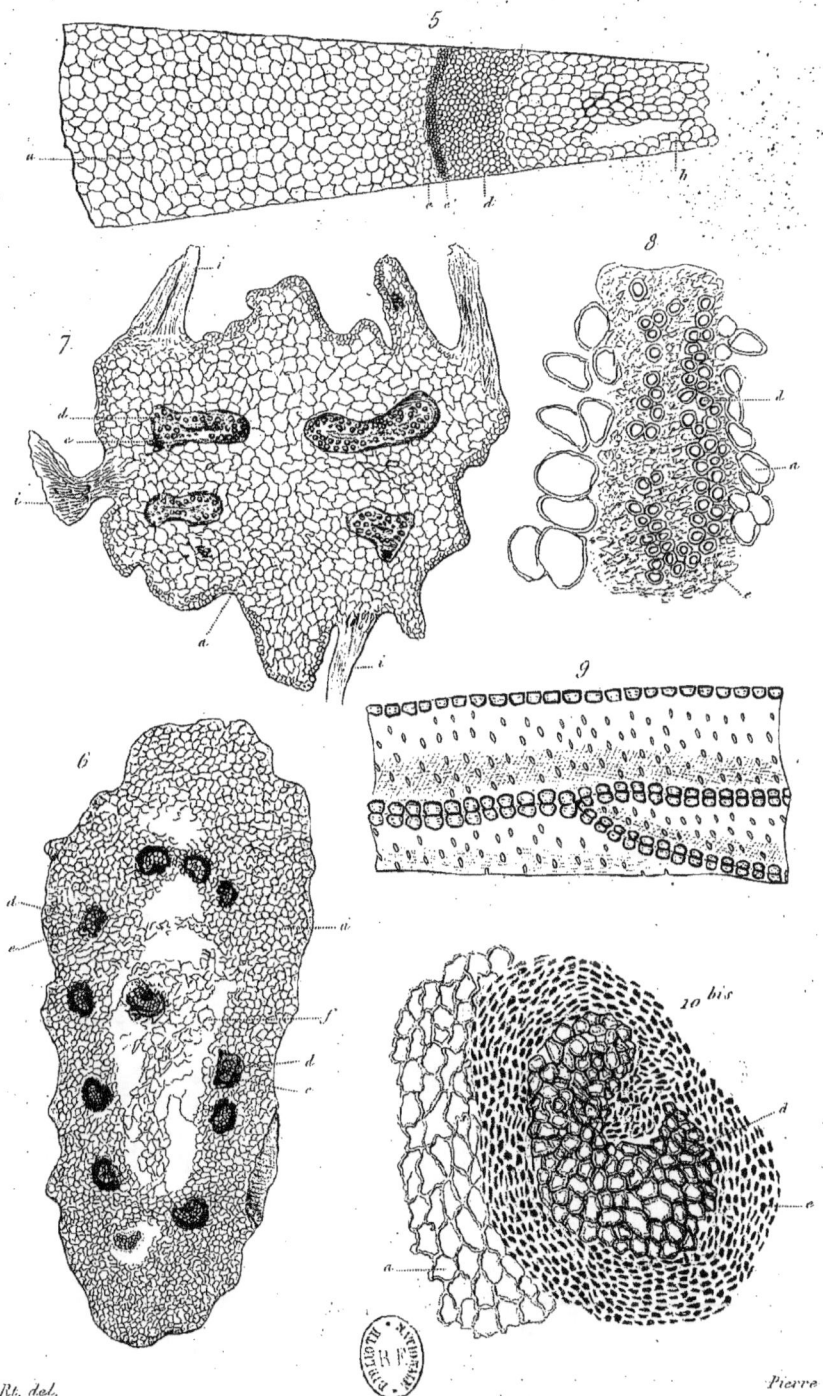

5

7

8

9

6

10 bis

B. Rt. del.

Pierre sc.

Helmintostachys, Botrychium.

Imp. A. Salmon, r. Vieille Estrapade, 15, Paris.

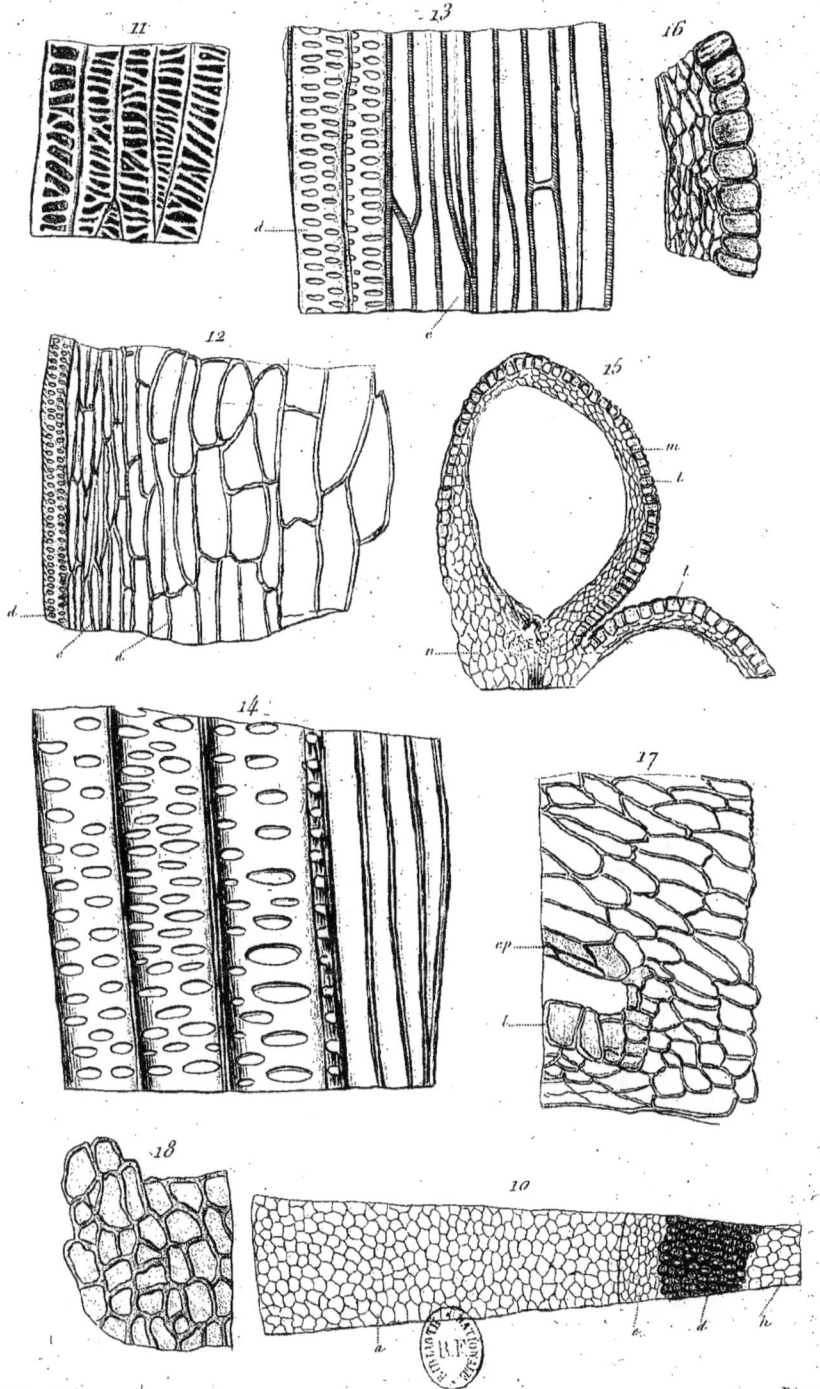

Pl. 19.

Helmintostachys, Botrychium.

B. Rt. del.

Pierre sc.

Imp. A. Salmon, r. Vieille Estrapade, 15, Paris.

Pl. 20.

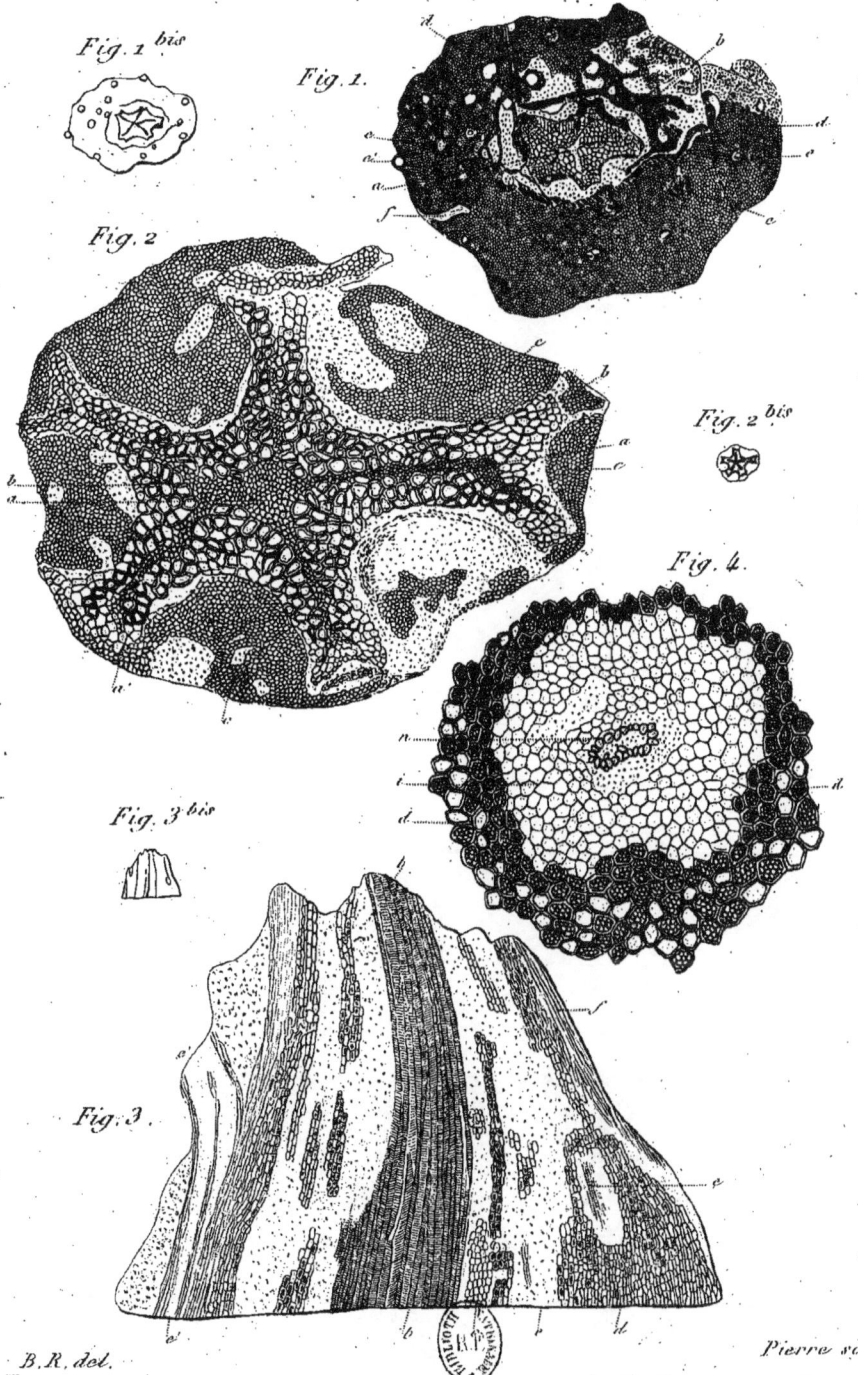

Fig. 1 bis

Fig. 1.

Fig. 2

Fig. 2 bis

Fig. 4.

Fig. 3 bis

Fig. 3.

Pierre sc.

Anachoropteris Decaisnii B. Ren.

Imp. A. Salmon, r. Vieille Estrapade, 15, Paris.

Pl. 21.

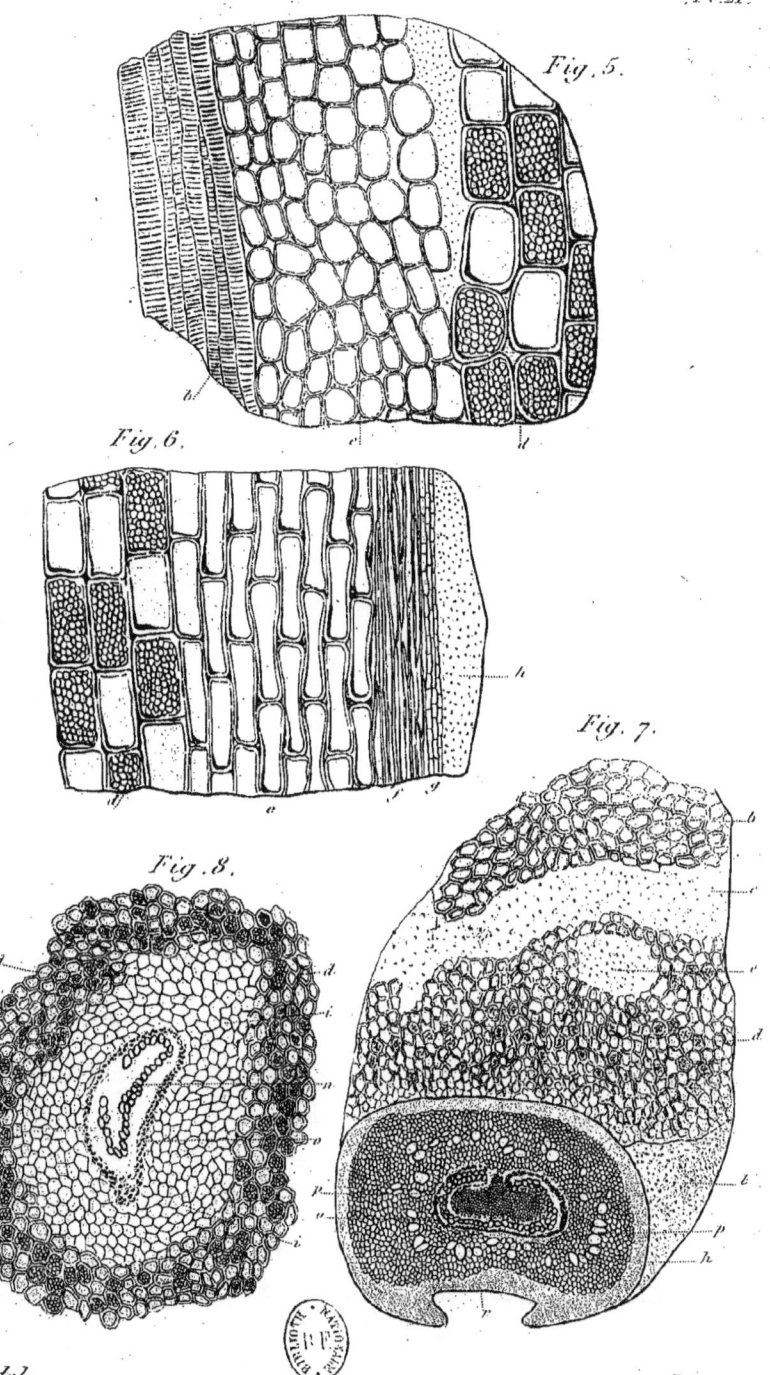

Fig. 5.

Fig. 6.

Fig. 7.

Fig. 8.

B.R. del.

Pierre sc.

Anachoropteris Decaisnii B. Ren.

Imp. A. Salmon, r. Vieille Estrapade, 15, Paris.

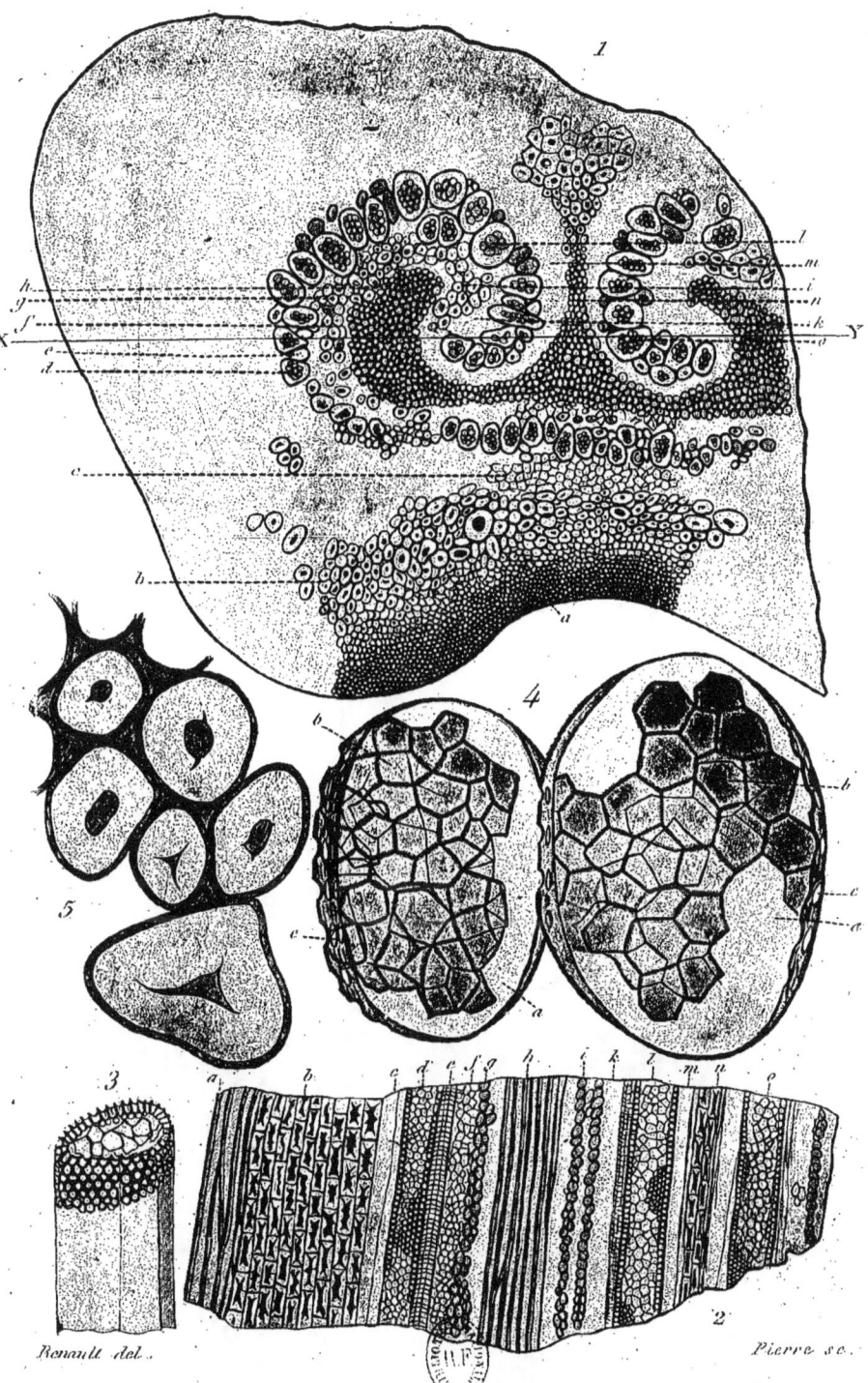

Pl. 22

Renault del.

Pierre sc.

Petiole d'Anachoropteris pulchra

Pl. 23.

Fig. 1.

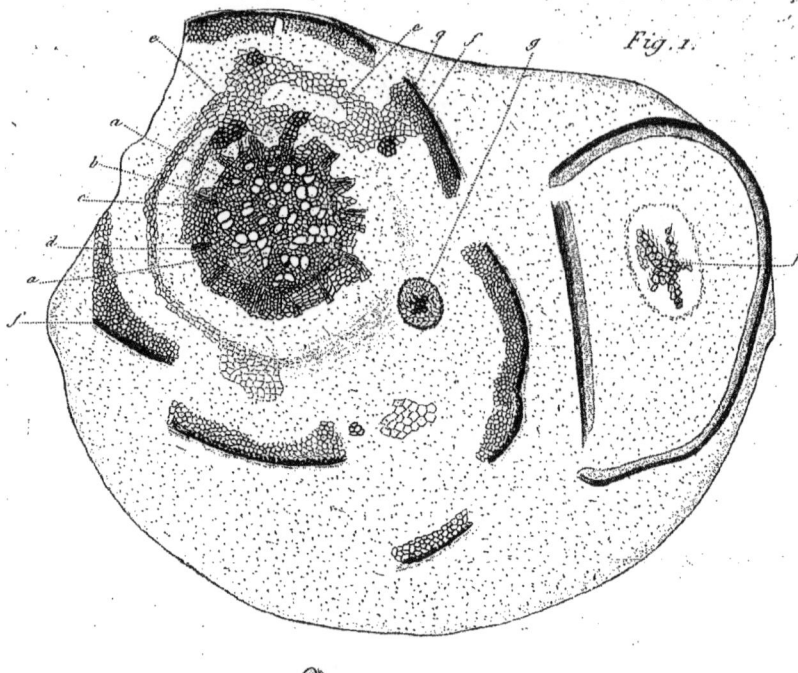

Fig. 3.

Fig. 2.

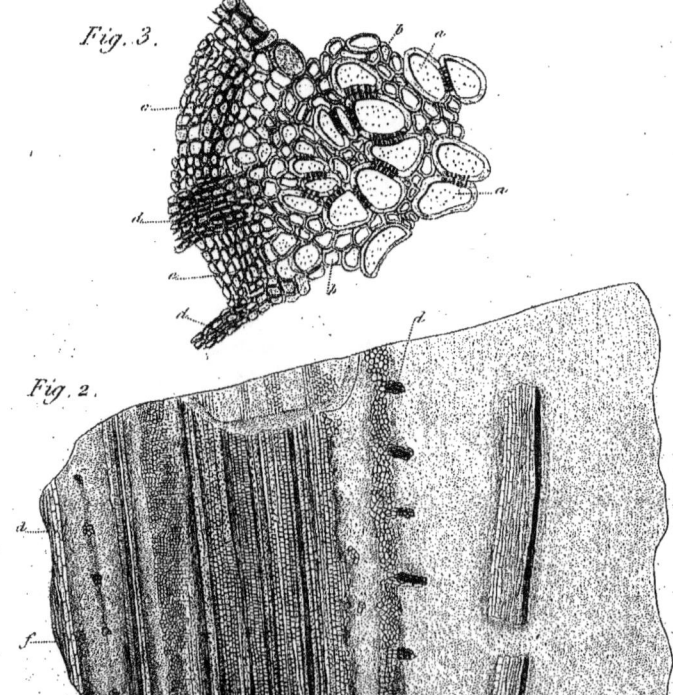

B.R. del.

Pierre sc.

Lycopodium punctatum B. Rcn.

Imp. A. Salmon, r. Vieille Estrapade, 15, Paris.

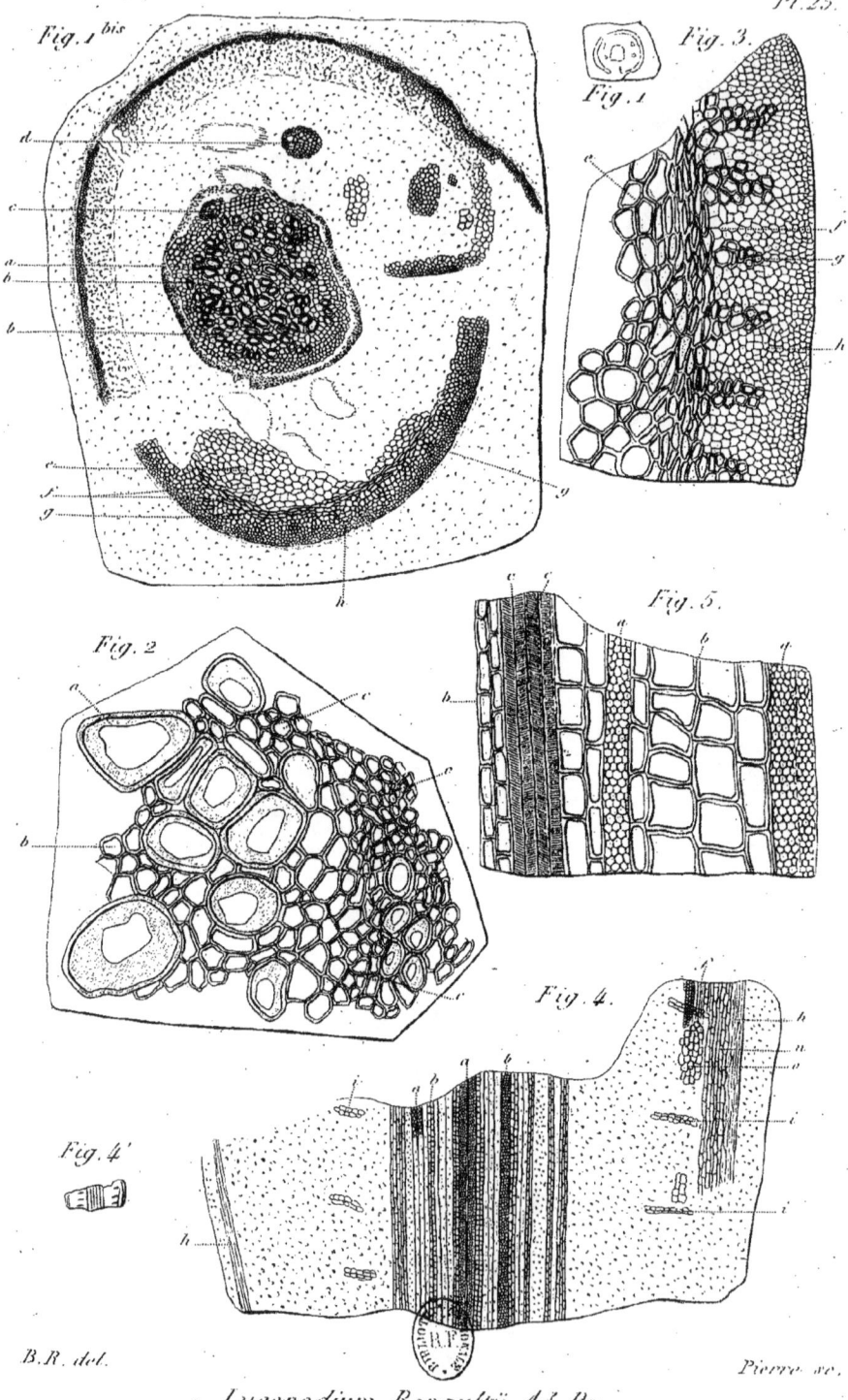

Pl.25.

Fig. 1 bis

Fig. 3.

Fig. 1.

Fig. 2.

Fig. 5.

Fig. 4.

Fig. 4'

B.R. del.

Pierre sc.

Lycopodium Renaultii Ad. Br.

Imp. A. Salmon, r. Vieille Estrapade, 15, Paris.

Pl. 26.

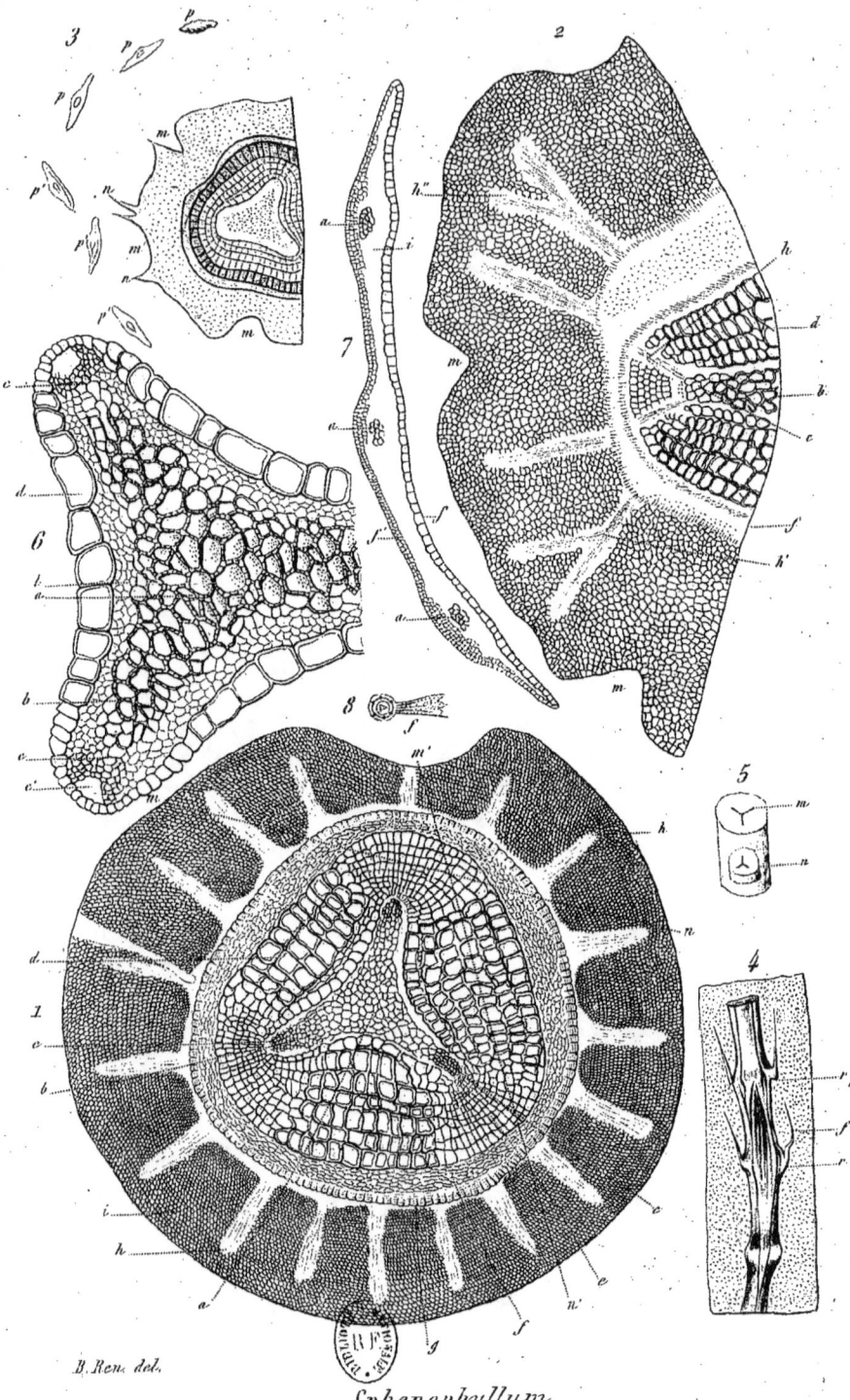

Sphenophyllum.

Imp. A. Salmon, r. Vieille Estrapade, 15, Paris.

Pl. 27.

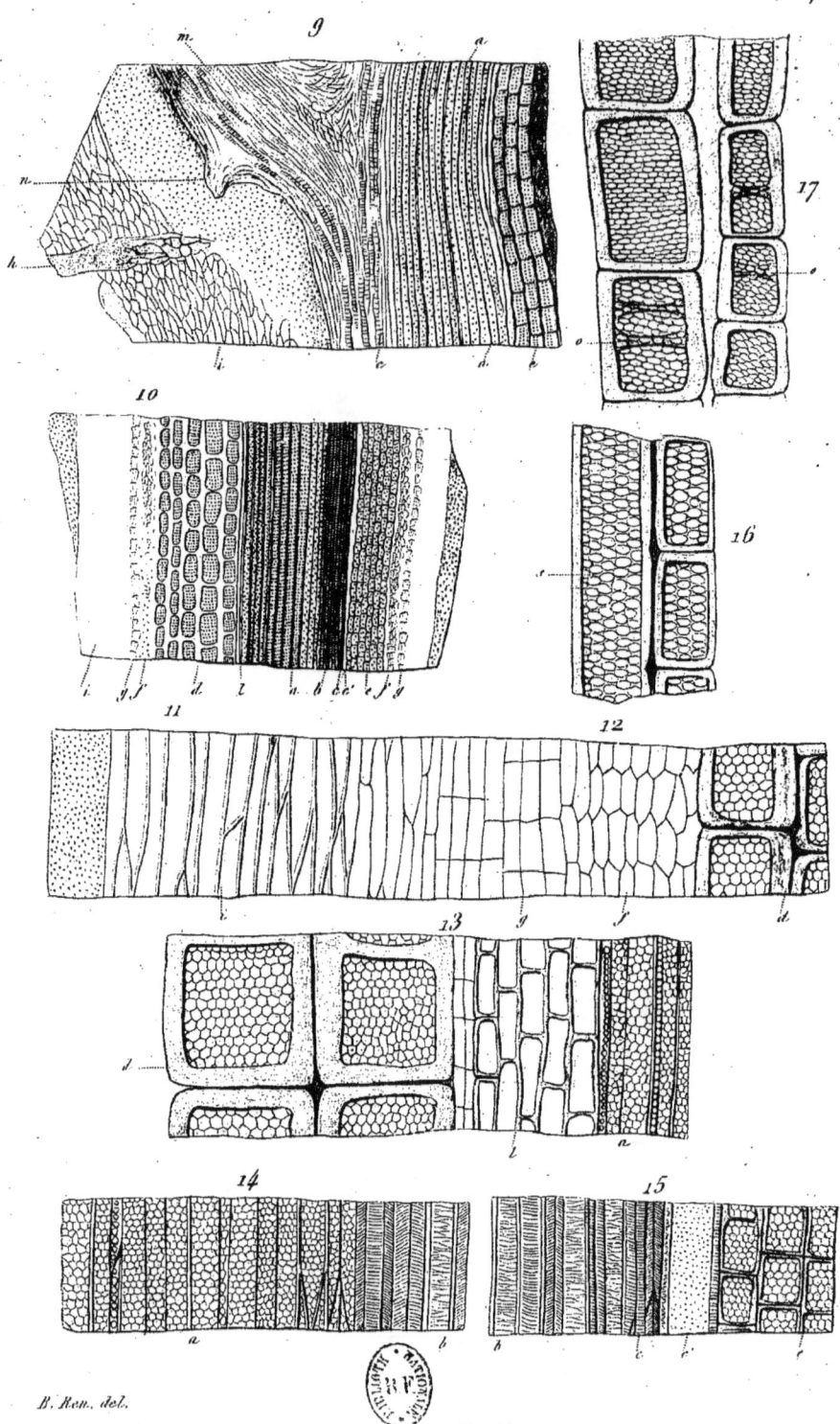

Sphenophyllum.

Imp. A. Salmon, r. Vieille Estrapade, 15, Paris.

Pl. 28.

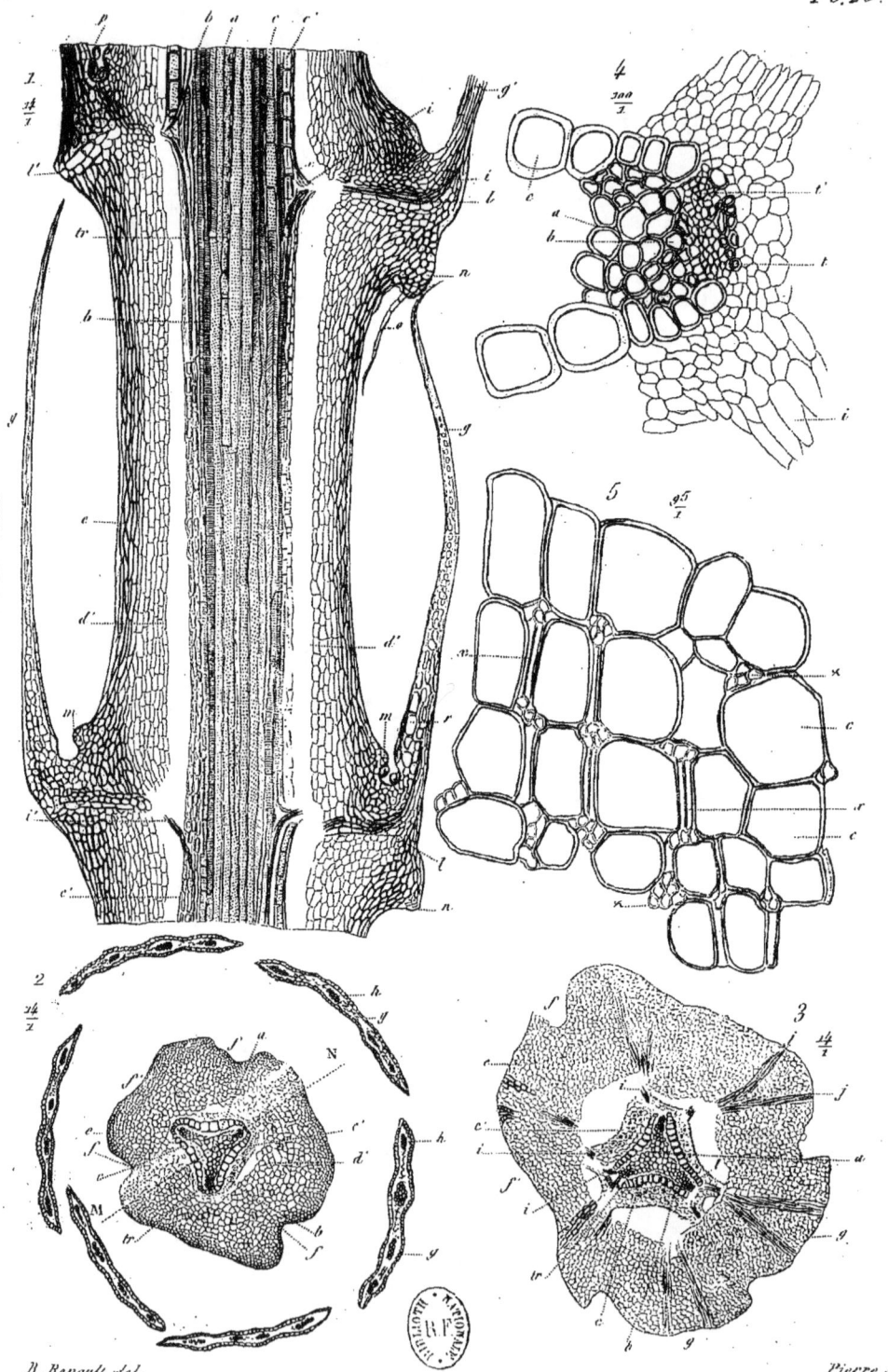

B. Renault del.

Pierre sc.

Structure des Sphenophyllum.

: Imp. A. Salmon, r. Vieille Estrapade, 15, Paris.

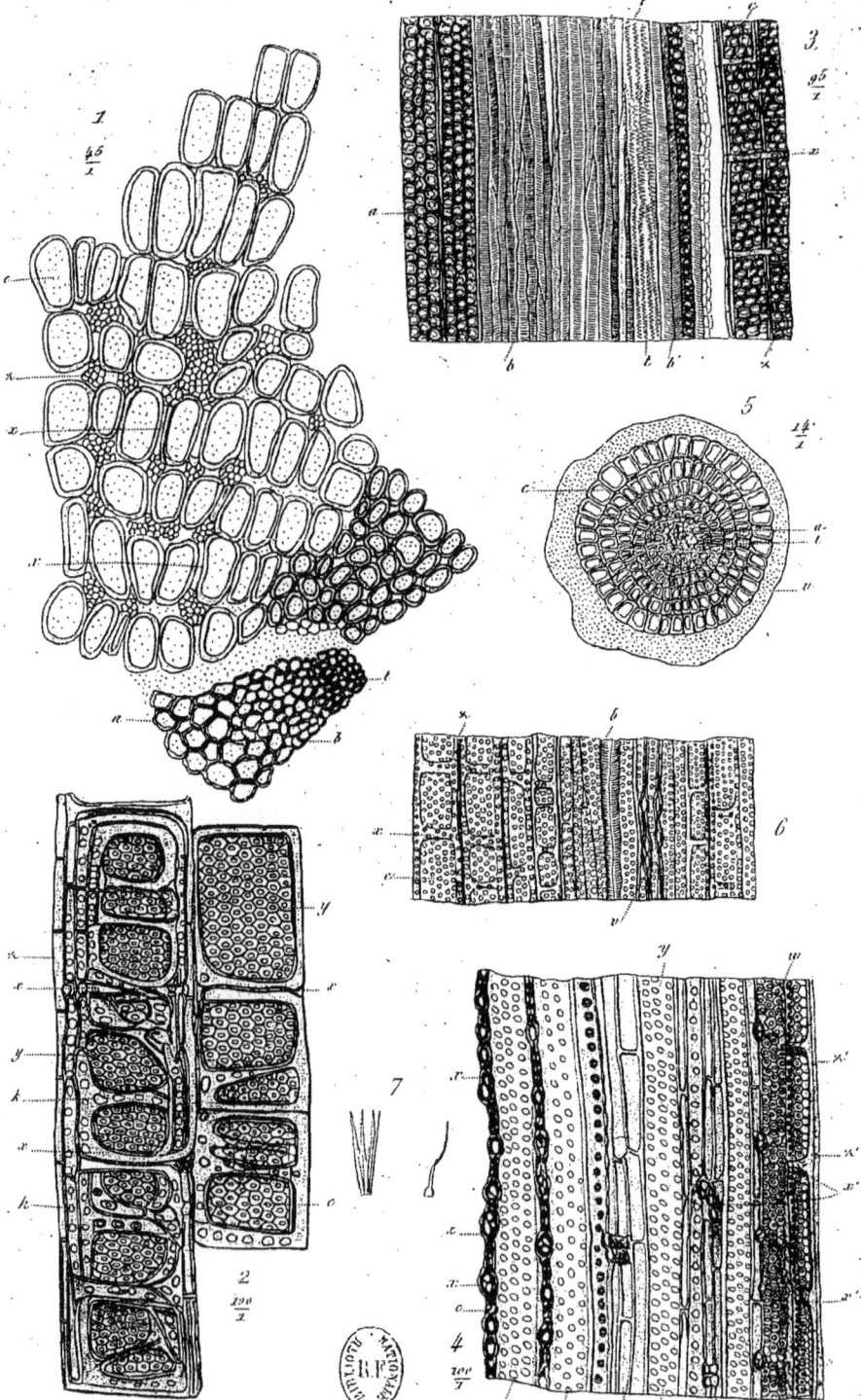

Pl. 29.

Structure des Sphenophyllum.

B. Renault del.

Pierre sc.

Imp. A. Salmon, r. Vieille Estrapade, 15, Paris.

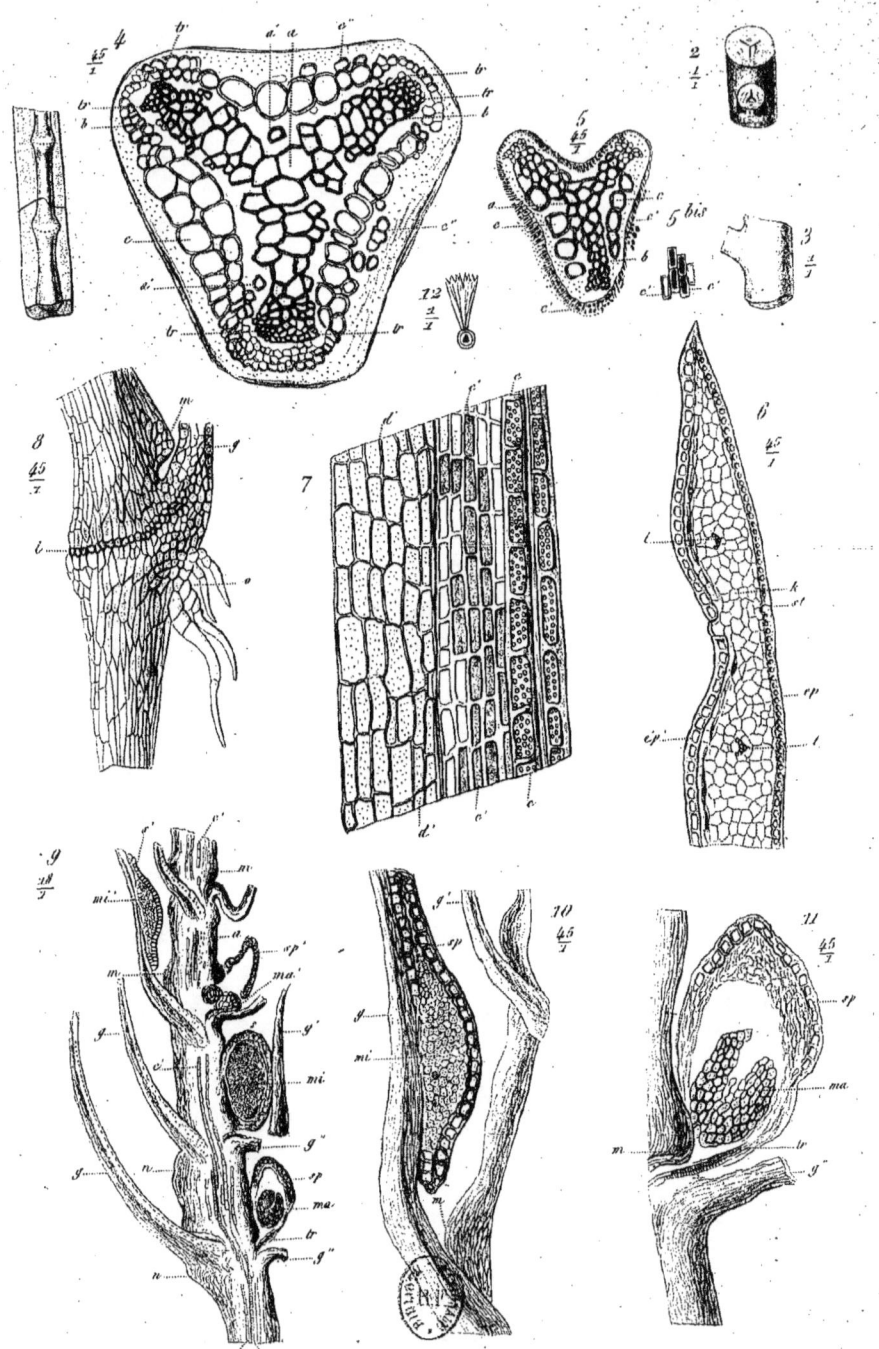

Fructification des Sphenophyllum.

B. Renault del.

Pierra sc.

Imp. A. Salmon. r. Vieille Estrapade. 15. Paris.

—

.A SOCIÉTÉ ÉDUENNE

EN VENTE :

.ez DEJUSSIEU père et fils, imprimeurs-libraires, Grande Rue, 4.
chez A. DURAND et PEDONE-LAURIEL, libraires-éditeurs, rue Cujas, 9.

www.ingramcontent.com/pod-product-compliance
Lightning Source LLC
Chambersburg PA
CBHW071812020726
47502CB00004B/1083